KB074102

수식을 쓰지 않는

현대물리학 입문

—아인슈타인 이후의 자연탐험

한명수 편저

전파과학사

머리말

현대는 과학의 시대라고 일컬어진다. 과학의 어느 분야나 그 발전상은 놀랄 만하다. 그 가운데서도 더욱 눈부신 진보를 이룬 것이라면 우주 로켓 발사로 상징되는 자연과학일 것이다. 이 책은 자연과학 가운데서도 최첨단을 걷는 현대 물리학의 최고이론을 전문학자의 좁은 세계로부터 해방하여 일반 독자의 공유재산으로 만들기 위해서 썼다.

바야흐로 물리학은 자연과학의 중심이 되어 그 성과는 생물학, 의학, 천문학 등 다른 자연과학 분야에 많이 활용되고 있다. 그리고 물리학은 우리 일상생활에도 그 참값을 발휘하고 있다. TV나 전자계산기 등은 물리학의 한 응용부분인 전자공학의 성과에 따라 만들어진 것이다. 가까운 장래에 물리학상의 보다 획기적인 큰 발견이 공업에 응용되어 인류 사회를 더욱 바꾸어 놓을 것이다.

그런데 불행히도 많은 사람이 이렇게 중요한 현대 물리학을 어려운 수식이 가득 찬 것으로만 생각하고, 자신들과 전혀 인연이 없는 것으로 처음부터 단정 짓는 것 같다. 물론, 현대 물리학의 이론은 고도의 수식으로 표현된다. 그러나 아인슈타인도 말했듯이 수식이란 물리학의 이론을 표현하기 위해 쓰이는 보조적인 수단에 지나지 않는다. 수식을 몰라도 그 뒤에 숨은 뜻을 이해한다면 현대 물리학의 골수를 알게 되었다고 할 수 있다.

이 책은 전문적인 사전지식이 없는 사람이라도 현대 물리학의 최고 이론을 이해할 수 있다. 이를테면 〈특수 상대성이론〉 이나 〈일반 상대성이론〉, 〈불확정성 원리〉 같은 고도의 이론을 수식을 전혀 쓰지 않고 설명하였다. 수식을 겁내는 사람도 단번에 사람의 지적 활동의 최고봉으로 오를 수 있게 목마를 태워드리는 일을 이 책이 하겠다는 것이다.

그럼 현대 물리학이론이란 어떤 것일까? 실은 이것이 엄청나게 기묘하고 유쾌한 것이다. 왜냐하면 현대 물리학은 10조 ㎞의 50억 배나 되는 초거대우주에서 시작하여 1조 분의 1㎜라는 극미(極微)의 세계에 이르는 모든 자연현상을 해명하려는 것이기 때문이다. 사람의 감각을 훨씬 뛰어넘는 이 세계에서는 우리의 어떤 공상도 미치지 못하는 불가사의한 현상이 일어나고 있다. 그러므로 그것을 해명하려는 물리학의 이론도 상식을 훨씬 넘어서게 된다.

이 책을 읽고 여태까지의 자연관을 바꾸는 사람도 많을 것이다. 또 여기 쓰인 아이디어에 자극받아 상상력을 크게 개발하여 공부나 일에 유용하게 이용하는 사람, 자연과학 분야에 흥미를 가지고 인생의 진로를 바꾸는 사람도 나올 것을 기대하겠다.

차례

2. 자연은 한없이 깊다

I. 현대과학의 최첨단을 걷는 물리학

1. 사람의 어떤 공상도 뛰어넘는 기묘한 세계

사람의 지식욕에는 한계가 없다

추운 겨울 아침, 기차의 유리창은 차내의 더운 수증기로 설화(雪花)가 서린다. 이런 때 누구라도 유리창의 설화를 닦아내고 바깥 경치를 보고 싶어질 것이다. 사람은 누구나 정도의 차이는 있어도 주변의 풍경을 알고 싶은 본능적 욕망, 지식욕, 호기심 등을 가지고 있기 때문이다. 그러나 감각기관을 통해서 사람이 직접적으로 알 수 있는 자연의 범위는 극히 좁다. 예를 들면 우리는 1/10㎜ 정도 크기의 물체 모양을 육안으로는 잘 볼 수 없다. 또 육안으로 달과 별 중 어느 쪽이 먼 곳에 있는지도 알 수 없다.

현대물리학은 교묘한 이론과 기계의 도움으로 우리가 알 수 있는 자연의 범위(시야)를 상식으로는 상상도 못 할 만큼 확대하는 데 성공하였다.

현대물리학의 시야는 실로 50억 광년(1광년은 빛이 1년간 날아가는 거리, 50억 광년은 50억의 10조 배 ㎞)의 초거대우주로부터 1조 분의 1㎜의 초극미의 소립자(원자를 형성하고 있는 기초적 입자)의 세계까지 확대되었다. 또 공간과 더불어 시간에 대해서도 그 시야를 놀랄 만큼 확대하고 있다. 물리학자는 실생활에서는 아무리 느린 성품의 사람이라도 10조 분의 1의 100억 분의 1초간이라는 초미소 시간에 일어나는 현상에 대해서 생각해야 한다. 또 아무리 성급한 물리학자라도 10억 년이라는 초장기간에 일어나는 자연현상을 생각해야 한다.

다시 현대물리학은 에너지의 분야에서도 크게 시야를 확대하고 있다. 그 시야는 감각으로는 전혀 느낄 수 없는 초미소 에너지 현상부터 원자·수소폭탄의 폭발에너지 이상의 초거대 에너지 현상까지 확대되었다.

그럼 현대물리학은 이렇게 시야를 크게 확대함으로써 자연의 본질에 대해서 무엇을 알아냈을까? 「초감각적 세계는 감각적 세계와는 질적으로 다르다는 것」을 알아냈다. 바꿔 말하면, 우리가 감각으로 경험할 수 있는 범위보다도 극단적으로 크든가 작은 세계는 전혀 성질이 다른 세계라는 것이다. 즉, 자연은 질적으로 다른 많은 층으로 구성되어 있다. 이것을 자연의 다층적(多層的) 구조라고 부르자.

고대 인도사람은 지구를 받치는 코끼리가 있다고 생각했다

현대물리학의 진보로 자연이 다층적 구조인 것이 알려지기 이전에는 사람들은 자연에 대해서 잘못 인식하고 있었다. 현대에 와서도 현대물리학을 모르는 사람은 잘못된 생각을 갖고 있다. 다층적 구조란 어떤 것인가를 아는 데 참고가 되므로 자연에 대한 잘못된 생각의 예를 들어 보겠다.

누구나 한 번쯤은 '우주가 유한한가? 무한한가?'라는 의문을 가진 일이 있을 것이다. 만약 유한하다고 하면 우주공간이 아무리 광대해도 반드시 그 끝이 있을 것이다. 그리고 그 끝의 바깥에 무엇이 존재할 것이라는 의심을 아무래도 피할 수 없게 된다.

필자의 학창 시절에 동급생 가운데 늘 우주의 끝을 생각한 사람이 있었다. 그는 피할 수 없는 의심의 연쇄반응으로 드디어 신경쇠약에 걸려버렸다. 물리학자는 우주공간의 끝에 대한 이런 의문은 옛날 사람이 대지의 끝에 대해서 품었던 소박한 의문과 마찬가지로 잘못된 생각에서 나온 것이라고 설명한다.

먼저 옛날 사람의 소박한 의문에 대해서 간단히 알아보자. 육안으로 보이는 범위에서 대지는 평면상으로 보인다. 바다를 잘 관찰하면 수평선에서 해면이 좀 휘어 있는 것을 알게 된다. 그러나 옛날 사람은 거기까지 알아차리지 못했다. 그들은 해면도 평면이라고 믿고 있었다.

옛날 사람은 평면 모양의 육지 및 해면 위를 직진하면 마침내는 그 끝에 다다를 것이라고 생각하고 대지 끝의 바깥에 존재할 암흑의 세계를 공상하였다. 그것은 그들에게는 모르는 세계인 까닭에 공포의 세계였고 그들에게 겁을 주었다. 만약 옛날 사람이 인공위성을 타고 지구의 둥근 모습을 직접 눈으로 본다면 그들은 얼마나 놀랄까? 그리고 그들의 공상이 얼마나 터무니없는 것이었는지를 알게 될 것이다.

더욱이 사람은 지구가 구형(求刑)인 것을 안 뒤에도 지구의 반대쪽에 사람이 살고 있다는 것을 쉽게 납득할 수 없었다. 지구가 우주공간에 받침이 없이 떠 있다는 것은 더 이해하기 어려운 일이었다. 그리고 그들은 지구가 무엇으로 반드시 받쳐져 있다고 믿고 있었다. 그것이 공상을 낳아 고대 인도사람은 엄청나게 큰 거북이나 코끼리가 지구를 받치고 있다고 믿었다.

뉴턴도 우물 안 개구리였다

옛날 사람과 현대인의 지적 능력에 큰 차이가 있을 리는 없다. 그렇다면 그들은 왜 이런 터무니없는 생각을 믿었을까? 이 이야기는 우리에게 많은 것을 가르쳐 준다.

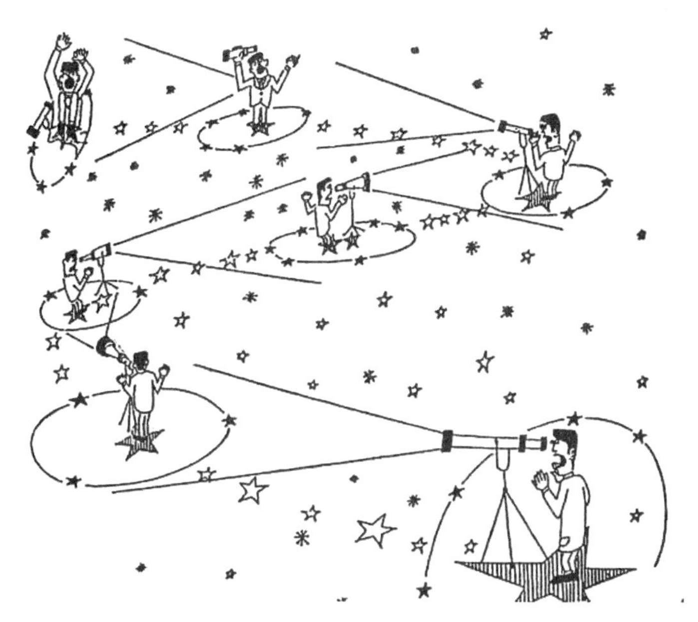

〈그림 1〉 물리학을 모르고 우주의 끝에 무엇이 있을까 생각하면 어리석은 질문의 연쇄반응으로 노이로제에 걸린다

옛날 사람은 그들이 살고 있던 좁은 땅에서 얻은 경험적 지식으로 대지 전체의 구조를 설명하려 했기 때문에 잘못 생각했던 것이다. 육안으로 보이는 육지와 바다가 평면이고, 또한 모든 물체는 아래쪽으로 운동하는 본질을 갖고 있다는 것이 그들의 경험적 지식이었다. 물체가 아래로 운동하는 것이 자연의 본질이라고 생각하였다. 지구의 인력으로 물체가 아래로 작용하고 있다는 것은 전혀 알려지지 않은 채로 말이다. 이렇게 좁은 경험적 지식이 대지 전체에까지 쓰인다고 믿었던 것이 그들이 크게 잘못 생각하게 된 원인이었다(〈그림 1〉 참조).

먼저 이야기한 우주공간의 끝에 대한 의문도 이와 같이 잘못

된 생각에서 나온 것이다.

이것은 초거대의 세계에 대한 얘기지만 이것과는 반대로 극미의 세계에 대해서도 잘못 생각하였다. 필자가 어릴 적에 초등학교 교장이시던 숙부께서 다음과 같은 얘기를 들려주셨다.

「원자는 태양계를 작게 한 것과 같다. 원자의 중심에는 원자핵이 있고 그 주위에는 전자가 돌고 있다. 원자핵은 태양과 같고 전자는 지구 따위의 행성에 해당된다. 따라서 전자의 표면에는 아주 작은 초미소(超微小) 인간이 살고 있을지 모른다. 태양계를 포함하는 우주는 초거대 인간의 몸의 일부분일지 모른다」

초미소 인간이나 초거대 인간이 있다는 것에 대해서는 누구나 허풍이라고 생각한다. 그러나 원자가 태양계를 축소한 것과 마찬가지라는 설명은 지금도 통용되는 것이다. 실은 이것도 현대물리학으로 보면 큰 잘못이다.

유명한 독일의 시인 괴테(Johann Wolfgang von Goethe, 1749~1832)는 「자연은 그 전모(全貌)를 보여주지 않는다」고 했다. 우리가 땅 위에서 시각이나 청각 등의 감각으로 직접 알 수 있는 범위는 자연 전체로 보면 극히 작은 범위이다. 그것보다도 거대한 세계나 미소한 세계에서는 자연의 성질이 아주 달라진다. 감각으로, 직접적으로 얻은 지식을 자연 전체에 통용시키려 하면, 지금 얘기한 잘못된 생각을 하게 된다.

고전물리학의 창시자 뉴턴(Sir. Isaac Newton, 1642~1727)은 「세상이 나를 어떻게 생각하는지 모르겠다. 그러나 나는 바닷가에서 놀며 반짝이는 작은 돌을 찾아내고, 때로는 어느 것보다 아름다운 조개껍질을 주우며 즐거워하는 어린이라고 생각한다. 그러나 진리의 대해(大海)는 그 어린이 앞에 탐구되지 못한

채 가로놓여 있다」고 하였다.

이것은 만유인력(모든 물질 사이에 작용하는 힘, 예를 들면 태양 주위를 도는 행성의 운행도 이 작용에 의한다)의 발견이라는 위대한 업적을 남긴 뉴턴으로서는 매우 겸손한 말이다. 그러나 이 겸손한 뉴턴조차도 자기 말과는 달리 바닷가에서 얻은 지식으로 큰 바다의 현상을 설명하려는 잘못을 자신도 모르게 저질렀다. 그것은 'V. 시간이 지연되고 공간이 수축하는 세계' 부분에서 밝히겠다. 우리도 아직 많은 잘못을 저지르고 있는 것은 아닐까?

자연에 대한 흥미와 신비성을 가르쳐 주는 현대물리학

감각적 세계의 물리현상은 뉴턴의 운동법칙을 기초로 한 물리학으로 설명된다. 감각적 세계는 상식이 통용하는 세계이므로 그것을 설명하는 물리학도 이해하기 쉽다. 그런 물리학을 고전물리학이라고 한다.

그런데 초거대의 세계인 우주와 초극미의 세계인 소립자의 세계는 감각적 세계와는 이질적인 세계이다. 거기서는 상식으로 도저히 믿을 수 없는 기묘한 현상이 일어나고 있다. 그 기묘함은 인간의 어떤 공상보다도 훨씬 기묘하다. 그 세계들은 초감각적인 규모의 공간과 시간과 에너지가 혼합된 기묘하고도 신비한 세계이다. 이런 세계를 설명하는 데 있어 고전물리학은 통용되지 않는다. 고전물리학을 확장하여 초감각적 세계도 설명할 수 있게 한 것이 현대물리학이다.

그럼 왜 물리학자는 한없이 그 연구 시야를 넓히려고 하는 것일까? 그것은 자연을 더 깊이 이해하려는 노력 때문이다. 그런데 먼저 얘기했듯이 자연이 다층적 구조여서 제각기 층의 성질이 다르다면 아무리 자연에 대한 지식을 넓혀도 감각적 세계 밖의 층에 대해서는 우리의 생활에 아무 소용이 없지 않나 생각된다.

그러나 여기서 말해 두지만, 다층적 구조란 서로 관계없는 많은 층의 겹침이라는 의미는 아니다. 자연은 원래 하나이므로 각 층은 서로 밀접한 관계가 있다. 감각적 세계인 우리 실생활의 장도 초감각적 세계에서 동떨어진 것이 아니고 오히려 밀접한 관계에 있다. 그러므로 물리학에 의해서 자연의 이해가 깊어지면 그 지식은 과학기술에 응용되어 사람의 생활이 풍부해진다. 이를테면 전자공학의 발전은 우리에게 인력으로는 불가능한 계산을 처리하는 전자계산기를 제공했다. 원자력의 개발도 현대물리학의 응용 중 하나이다.

현대물리학의 뛰어난 점은 그것뿐만이 아니다. 물리학자 이외의 사람이라도 이를 알게 되면 초감각적 세계의 현상을 통해서 우리에게 자연의 기묘함, 흥미로움, 끝없이 깊은 신비성을 일깨워 준다. 그리고 그런 자연의 신비에 도전한 물리학적 연구방법은 물리학자가 아닌 사람에게 사물을 생각하는 법을 가르쳐주기도 한다. 따라서 현대물리학은 현대인의 섬세한 호기심을 만족시켜 주는 동시에 현대 생활의 살아있는 교양으로도 그 효용이 크다.

새 이론은 언제나 광기가 있다

원자물리학의 창시자인 덴마크의 닐스 보어(Niels Bohr, 1885~1962, 1922년 노벨 물리학 수상자)의 서거 소식을 접했다. 몇

〈그림 2〉 물리학의 새 이론은 언제나 광기가 있다

해 전 뉴욕에서 열린 물리학회 석상에서 그의 강연 내용이 생각났다.

그 학회에서 원자물리학자인 오스트리아 태생의 파울리(Wolfgang Pauli, 1900~1958, 1945년 노벨물리학 수상자)의 소립자에 관한 새로운 이론의 발표가 있었다. 1시간쯤 걸려서 발표가 끝나자 이어 젊은 물리학자들로부터 새 이론에 대한 강한 비판이 나왔다. 그 뒤에 보어는 간단한 총평을 요청받았다. 보어는 총평 끝에 다음과 같이 말했다.

「저는 파울리 교수의 이론이 미치광이의 푸념과도 같다는 것을 인정합니다. 그러나 이 이론이 옳을 가능성이 있을 만큼 완전히 광기가 있는지 문제입니다」

이 말의 뜻을 좀 설명하겠다. 이것은 물리학의 진보의 역사에서 초감각적 세계의 현상을 설명하는 새 이론은 항상 당시의 물리학의 상식으로 생각해서 충분히 광기가 있었다는 것을 말해주고 있다. 따라서 완전히 광기가 있는 논문은 옳을 가능성이 있다는 것이다. 바꿔 말하면 완전히 광기에 찬 것이 옳은 논문이 되는 필요조건인 것이다. 불충분한 광기는 옳은 이론일 가능성조차도 없다. 몇 년, 몇 십 년 뒤에는 상식이 될 새 이론도 발견 당시에는 발견자 스스로도 진짜 뜻을 이해할 수 없을 정도로 완전히 광기에 차 있다(〈그림 2〉 참조).

예를 들면 현대물리학의 기초인 아인슈타인(Albert Einstein, 1879~1955, 1921년 노벨물리학 수상자)의 특수 상대성이론(V-2. 절대성의 부정 〈특수 상대성이론〉 참고)은 발견 당시 너무도 광기어린 것이었다. 그 때문에 아인슈타인은 그토록 위대한 발견에 대해서는 노벨상을 받지 못했다. 지금 생각해 보면 정말 기묘한 얘기다.

미치광이 짓을 흉내 내는 것은 쉬운 것 같이 보인다. 그러나 가령 우리에게 완전한 사고의 자유가 주어지고 완전히 미치광이 짓을 생각해 내려고 해도 그 미치광이의 정도가 상식과 잠재의식의 범위 밖으로 벗어나기는 어렵다. 따라서 완전히 광기어린 것을 생각해 내는 것도 매우 어려운 일이다.

현대물리학의 진보는 인간의 두뇌의 위대함을 충분히 보여준 것이라고 하겠다. 그리고 그 가운데서도 가장 소중한 것은 상상력이다. 아인슈타인은 「지식보다도 상상력 쪽이 훨씬 소중하다」고 말했다.

그럼 우리도 현대물리학의 초감각적인 세계로 헤치고 들어가서 상상력을 길러보자.

2. 우주에는 끝이 있는가?

「우주는 휘었다」 아인슈타인의 우주론

사람은 자연을 알고 싶어 하는 본능적 지식욕을 가지고 있다. 사람의 이 지식욕을 맨 먼저 가장 강하게 자극한 것이 우주였다. 혈거시대(穴居時代: 인류가 아직 집을 짓지 못하고 자연 또는 인공의 동굴 속에서 살던 선사시대)의 원시인이 산속에서 밤하늘을 쳐다보는 광경을 상상해 보자. 그의 머릿속에는 어떤 생각이 떠올랐을까? 초인간적인 힘에 대한 공포였을지도 모른다.

우주의 신비가 원시인의 마음을 자극한 것처럼 현대인의 지식욕도 자극한다. 그러나 우리 마음에 떠오르는 것은 공포가 아니다. 그것은 끝없어 보이는 거대함이다. 그리고 우주는 유한한가, 무한한가 하는 의문이다. 이 의문에 대해서 처음으로 현대물리학의 입장에서 답을 낸 사람이 아인슈타인이다. 그는 이 초거대의 우주공간을 어떻다고 생각했을까?

옛날 사람이 땅의 끝이 있다고 생각한 것은 좁은 땅 위에서 얻은 경험적 지식으로 땅 전체의 구조를 생각했기 때문이다. 우주의 끝을 생각한다는 것도 먼저 얘기한 것처럼 이것과 마찬가지의 잘못을 저지른 것으로 생각된다. 옛날 사람이 평면으로밖에 생각 못한 땅은 뜻밖에도 휜 면, 즉 구면(球面)이었다. 구면은 넓이(면적)는 유한하지만, 끝이 없다. 이와 마찬가지로 우주공간도 휘었고 그 넓이(부피)는 유한하지만 끝이 없다고 생각하면 안 될까? 이런 기묘한 우주공간을 생각한 아인슈타인은 '우주는 유한한가? 무한한가? 하는 의문에 답했다.

구면인 지구의 표면도 그 일부만 보면 평면처럼 보인다. 평

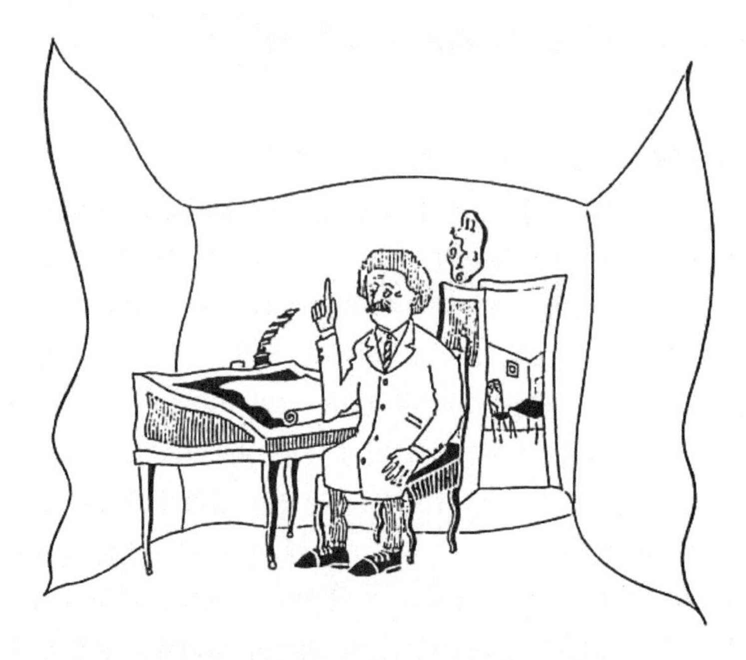

〈그림 3〉 아인슈타인은 '공간은 휘었다'고 말했다

면이란 수학적으로 말하면 직선을 그릴 수 있는 면이다. 그러나 지구의 모양을 알게 되자 지구의 면에는 직선을 그릴 수 없는 것을 알았다. 우리가 알고 있는 공간은 직선을 그릴 수 있다. 그러나 이것도 지구의 면과 같이 우주의 극히 일부의 공간을 관찰했을 때 그렇게 생각할 수 있을 뿐, 우주공간 전체는 직선을 그릴 수 없는 성질의 것이다.

이런 생각에 바탕을 두고 아인슈타인은 면에 편평한 면과 휜 면이 있듯이 공간에도 편평한 공간과 휜 공간이 있고, 우리 경험의 범위에서는 우주는 편평한 공간인 것 같지만 우주 전체로 보면 휜 공간이라고 생각하였다(〈그림 3〉 참조).

그럼 아인슈타인이 말하는 '넓이는 유한하지만 끝이 없는 공간'은 어떻게 휘었을까? 단번에 어떻게 휘었는지를 이해하기란 매우 곤란하다. 먼저, 면에 대해 생각해 보자.

〈마이너스로 휜 면〉은 말안장 모양을 한 면

면은 크게 나눠서 평면과 곡면이 있다. 우리가 볼 수 있는 곡면은 여러 가지 모양으로 휘어져 있다. 그러나 수학자는 평면을 포함하여 모든 면을 세 종류로 분류하였다. 이 분류는 면의 모양이나 면의 휘어진 겉보기 모양에 따른 분류는 아니다. 겉보기에 어떤 모양으로 휘었든 상관없다.

지금 면 위에 원을 그려본다. 그러면 초보 수학에서 누구나 알고 있다시피 평면 위에 그려진 원의 면적은 그 반지름의 제곱에 비례하여 커진다(원의 넓이=반지름의 제곱×원주율). 곡면 위에 원을 그리면 그 원의 넓이는 어떻게 될까? 이때는 두 가지 가능성밖에 없다. 즉, 원의 넓이가 반지름의 제곱에 비례해서 커지는 것보다(평면인 경우) 더 커지거나 또는 그 반대로 작아진다. 수학자는 앞의 경우는 마이너스(-)로 휜 면, 나중 것은 플러스(+)로 휜 면이라 부른다. 그리고 평면은 0으로 휘어 있다.

우리는 평면 위를 한없이 곧게 나가면 무한히 먼 곳으로 가버리고 다시 원래의 위치로 되돌아오지 못하는 것을 알고 있다. 수학자는 마이너스(-)인 면도 이것과 같은 성질이 있는 것을 증명했다. 즉, 이 면들은 무한히 펴진 면이다. 그럼 마이너스(-)로 휜 면이란 어떤 면일까? 그 좋은 예는 말의 안장과 같은 모양을 한 면이다. 이것은 말안장 표면(Saddle Surface)이라 불린다. 말의 안장이나 자전거 안장의 표면은 그 면의 일부분이다.

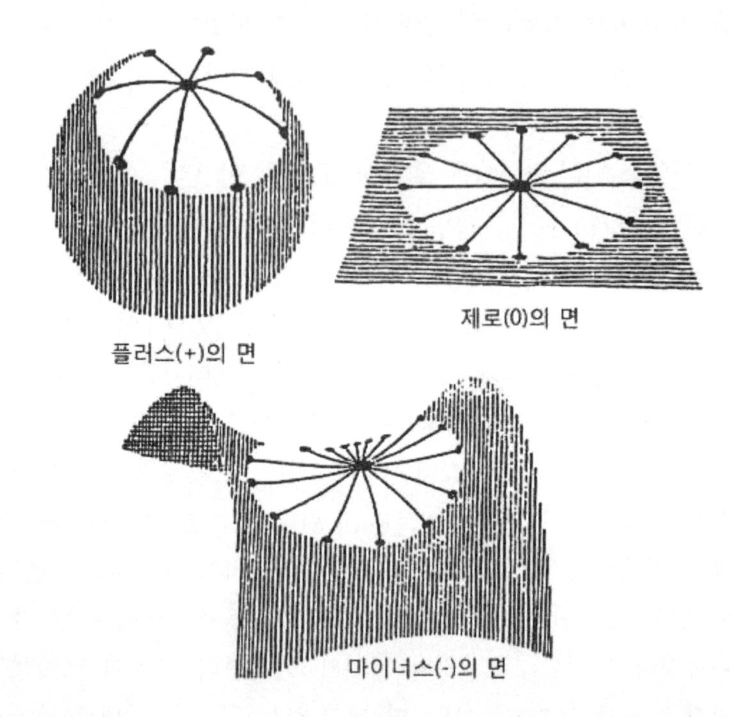

〈그림 4〉 세 가지 휜 면과 공간 면은 휘어진 모습에서 세 가지로 나눠진다. 평면은 0으로 휜 면이다. 플러스(+)로 휜 면과 마이너스(-)로 휜 면은 그려진 원의 넓이의 크고 작은 것으로 구별할 수 있다. 공간도 이 면과 마찬가지로 세 가지로 휘어 있다.

그런데 플러스(+)인 면은 앞의 두 면과는 다른 성질을 갖고 있다. 플러스(+)로 휜 면의 가장 좋은 예는 구면(球面)이다. 구면상을 한 방향으로 나아가면 다시 원래의 출발점으로 되돌아온다. 한 방향으로 나가서 다시 출발점에 되돌아오는 면은 넓이가 유한인데도 그 끝이 없다는 성질을 가진 면이다. 앞의 두 종류의 면은 넓이가 유한이면 그 끝이 있다(〈그림 4〉 참조).

면에 이렇게 종류가 있다면 공간에도 몇 가지 종류가 있지 않을까? 수학자는 면을 세 종류로 구별하는 생각을 공간에도 적용하여 세 종류의 공간을 생각할 수 있다고 말하고 있다. 그것은 곡면이 0, 플러스(+), 마이너스(-)인 공간이다. 우리가 상식적으로 생각하고 있는 우주공간은 0으로 휜 공간에 해당한다. 아인슈타인이 생각한 우주공간은 앞에서 얘기한 것처럼 부피가 유한하고 또한 끝이 없는 기묘한 성질을 갖고 있다. 이런 성질은 면에서 보면 플러스의 곡면을 가진 면이다. 공간에서 말하면 아인슈타인이 생각한 우주공간은 수학적으로는 플러스의 곡면을 가진 공간일 것이다.

휘어진 공간은 보이지 않는다

우주가 플러스(+)로 휘어진 공간이고, 면으로는 구면과 같은 것이라 하면 우리 주변에서 볼 수 있는 공과 같은 구체(球體)안의 공간이라고 오해하는 사람이 많다. 즉, 우주공간의 모양이 구체라고 잘못 생각한다. 그러나 구체는 구면으로 둘러싸인 공간으로서 그 공간이 휘었다고는 단정하지 못한다. 공간이 휘었는가 안 휘었는가는 모양의 문제가 아니고 그 성질의 문제이다. 면인 경우에도 그 면이 휘었는가 안 휘었는가의 여부는 그 면이 삼각형인가 사각형인가 원형인가 따위와 관계없이 정할 수 있었던 점을 생각해야 한다.

그러면 플러스(+)로 휜 공간과 구면으로 둘러싸인 공간의 성질을 비교해보자. 플러스로 휜 공간은 앞서 얘기한 것처럼 넓이(부피)는 유한하지만 끝이 없는 공간이다. 그런데 만약 우주가 구면으로 둘러싸인 공간이라고 하면 넓이(부피)가 유한한 것은

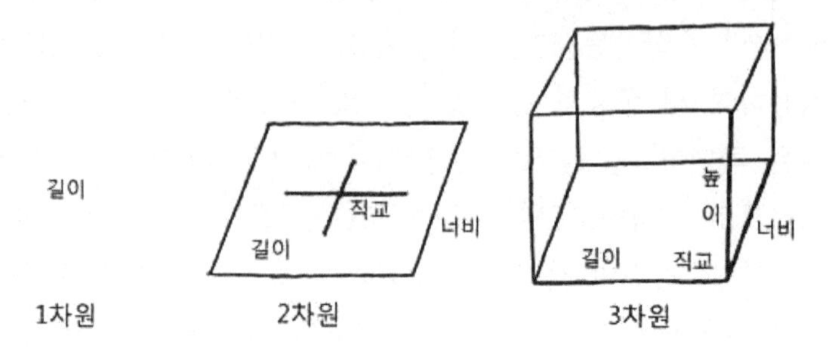

〈그림 5〉 수학에서는 선도 면도 공간으로 생각한다. 이 공간은 3차원 공간을 뜻한다

마찬가지이지만 끝이 있게 된다(그 끝은 구면이다). 그러므로 우주가 플러스의 곡면이라 해도 그 모양이 구체라는 뜻은 아닌 것을 알 수 있다.

그럼 플러스(+)로 휜 우주는 어떤 모양으로 휘었을까? 우리에게는 그것을 표현할 수 있는 〈말〉이 없다. 그 이유를 설명하겠다. 공간의 차원을 먼저 이해해야 한다. 수학에서는 선(線)도 면(面)도 공간으로 생각한다(〈그림 5〉 참조). 지금까지 얘기를 알기 쉽게 하기 위해서 면과 공간을 구별해 왔지만 수학적 표현을 빌리면 선은 1차원 공간, 면은 2차원 공간이며, 우리가 보통 공간이라고 부르는 것은 3차원 공간이다. 1차원 공간에는 길이밖에 없다. 2차원은 면이므로 길이와 너비의 두 방향이 있다. 3차원에는 길이와 너비와 높이라는 세 가지 방향이 있다. 1차원 공간에서 한 점에 직교할 수 있는 직선의 최대 수는 둘이다. 3차원 공간에서는 셋이다.

2차원 공간(面)에 사는 사람을 상상해 보자. 그에게는 높이가 없다. 그러므로 만약 그가 가진 2차원 공간이 구면이었다고 해도 그는 곡면의 면을 눈으로 볼 수 없는 것이다. 그러므로 휘어진 모양이 어떤지 설명할 수 없다. 단지 그 곡면의 성질은 원의 넓이를 계산함으로써 수학적으로 알 수 있을 뿐이다. 만약 그가 구면의 곡면을 볼 수 있다면, 즉 구면의 모양을 알 수 있었다면 그는 높이를 가진 사람이 되었다는 것이다. 우리와 같은 3차원의 사람이 된 것이다. 이 얘기는 자신이 살고 있는 차원의 〈공간〉의 곡면을 볼 수 없다는 것을 알려준다. 차원이 낮은 공간의 곡선만을 볼 수 있을 뿐이다.

3차원 공간의 곡면에 대해서도 이것과 마찬가지로 말할 수 있다. 3차원 공간에 살고 있는 우리는 3차원 공간의 곡면이 어떤 모양을 하고 있는가를 상상할 수 없다. 3차원 공간의 곡면이 어떤 모양인가 볼 수 있는 사람이 있다면 그 사람은 4차원 공간의 사람이어야 한다. 4차원 공간이란 길이, 너비 및 높이 외에 다른 한 방향을 갖는 공간이다. 즉, 한 점에서 직교하는 4개의 직선이 존재할 수 있는 공간이다.*

앞을 보고 있는데도 자기 뒷머리가 보이는 이상한 공간

휜 3차원 공간에는 어떤 성질이 있는지 생각해 보자. 먼저처럼 면의 성질과 비교하면서 생각해 보기로 하겠다. 곡면 위에는 직선이 존재하지 않는다. 만약 억지로 직선을 그리면 면 밖으로 나가버린다. 즉, 2차원 공간부터 3차원 공간으로 밀려나

*아인슈타인의 우주론에서도 4차원 공간이 나온다. 그러나 그의 4차원 공간은 3차원 공간에 시간을 하나의 차원으로 더해서 4차원으로 한 것이다. 따라서 여기서 말하는 4차원 공간과는 뜻이 다르다.

간다. 그러므로 휜 공간 안에는 직선이 존재하지 못한다.

구면(플러스 곡면) 위에 면에서 벗어나지 않고 어디까지든 한 방향으로 나가면 지구 일주여행이 그렇듯이 언젠가는 출발점에 되돌아온다. 마찬가지로 플러스로 휜 우주공간을 한 방향으로만 나가면 언젠가는 출발점에 되돌아오게 될 것이다. 이상과 같은 사실에서 매우 기묘한 일을 상상할 수 있다.

만약 우주의 끝을 보려고 한없이 먼 곳이 보이는 망원경을 만들었다고 하자. 그것으로 하늘의 임의의 방향을 들여다보면 자기 자신의 뒷머리가 보인다. 휜 공간에서는 빛조차도 직진하지 못하고 출발점으로 되돌아오기 때문이다. 만약 직진한다면 휜 공간 안에 직선이 존재하게 된다. 이것은 휜 공간의 성립에 모순된다. 그러므로 그것은 휜 공간이 아니다(〈그림 6〉 참조).

만일 플러스로 휜 공간 안을 억지로 직진하면 어떻게 될까? 여러분은 반드시 이런 의문을 가질 것이다. 먼저 휜 면인 구면을 생각해 보자. 구면에서 직진한다는 것은 면의 접선방향(구면 위의 한 점부터 구의 중심을 향해서 그린 선에 직각인 방향)으로 나가는 것이 된다. 이렇게 되면 면에서 떠나서 밖으로 나가버린다. 이것은 지금까지 얘기한 것처럼 2차원의 공간에서 3차원의 공간으로 나가는 것이다. 이 보기에서 유추하면, 휜 3차원 공간인 우주를 억지로 직진하면 4차원 공간으로 나가게 된다.

그러나 TV나 영화의 스크린에 비친 사람이 스크린 면(2차원 공간)에서 3차원 공간으로 나올 수는 없는 것처럼 3차원 공간에 살고 있는 우리는 4차원 공간으로 들어갈 수 없다. 만일 4차원 공간이 실재한다 해도 우리는 거기에 갈 수 없다.

그러나 수학에서는 4차원 공간만 아니라 5차원 공간이나 무

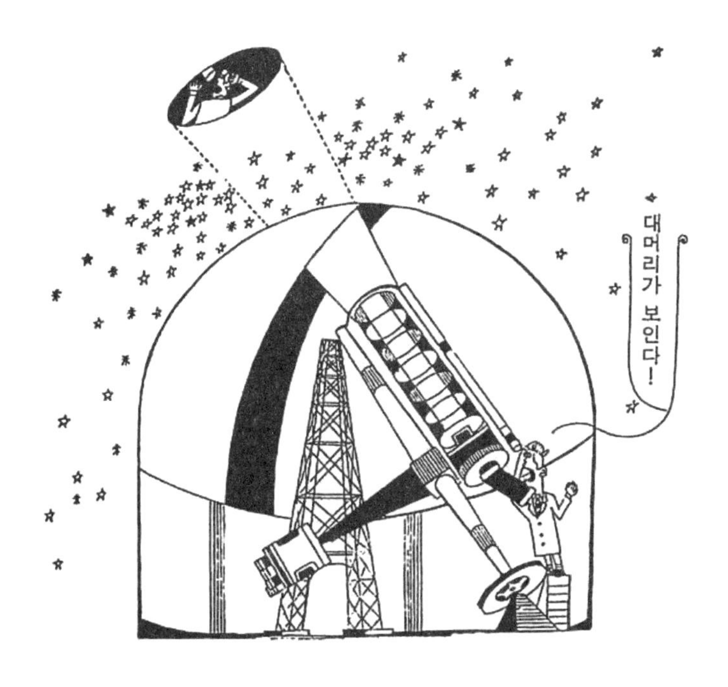

〈그림 6〉 우주가 플러스로 휘었다면, 우주의 끝을 보았을 때 자기 뒷머리가 보인다

한대차원 공간까지 생각할 수 있다. 수학은 어떤 가정 위에 세워진 하나의 논리 체계이기 때문이다. 가정을 바꿈으로써 여러 가지 수학이 만들어진다. 따라서 여러 가지 공간도 만들 수 있다. 인간의 발명품인 공간과 자연에 실재하는 공간은 원래 서로 관계가 있지만, 수학에서 4차원 공간을 생각할 수 있다고 해서 자연에 4차원 공간이 실재한다는 보장은 없다.

마찬가지로, 수학에서 휜 공간을 생각할 수 있다고 해서 우리가 사는 실재의 우주공간이 휘었다고 할 수도 없다. 그러므로 아인슈타인의 우주론에서 말한 것처럼 과연 우주공간이 플러스로 휘었는지 어떤지는 우주를 실제로 관측해 보지 않고는 알 수 없다.

그럼 실제로 관측한 결과는 어땠을까? 또 어떻게 관측했을까? 이것을 설명하기 위해서는 먼저 우주의 구조에 대한 지식이 필요하다. 그래서 다음은 우주의 구조에 대해 설명하겠다.

은하계가 1회전 하는 데 2억 년이 걸린다

밤하늘에 빛나는 별을 항성과 행성으로 나눌 수 있다. 항성은 태양처럼 스스로 빛을 내고 있다. 행성은 지구처럼 항성의 주위를 돈다. 우리가 눈으로 볼 수 있는 것은 태양과 비교적 가까운 항성과 태양의 행성뿐이다. 이웃 항성과 항성의 거리는 몇 광년(1광년: 빛의 속도로 날아서 1년 걸리는 거리)이다. 태양에 가장 가까운 항성(알파 켄타우루스, α-Centaurus)은 약 4광년(약 40조 ㎞)의 거리에 있다.

태양에는 행성이 8개 있다. 태양에 가까운 것부터 수성(Mercury), 금성(Venus), 지구(Earth), 화성(Mars), 목성(Jupiter), 토성(Saturn), 천왕성(Uranus), 해왕성(Neptune)이다.* 그리고 태양에서 제일 바깥쪽의 해왕성까지의 거리는 약 45억 5천만 킬로미터이다. 그럼 태양 이외의 항성에도 행성이 따를까? 비교적 많은 항성이 행성을 갖고 있다고 추측된다. 그러나 태양과 가장 가까운 항성까지의 거리라도 4광년이므로 그 항성이

*편집자 주: 1930년 발견된 명왕성이 태양계의 9번째 행성으로 불렸으나 2006년 국제천문연맹(IAU)의 행성분류법 변경으로 왜소행성(dwarf planet)으로 분류됨

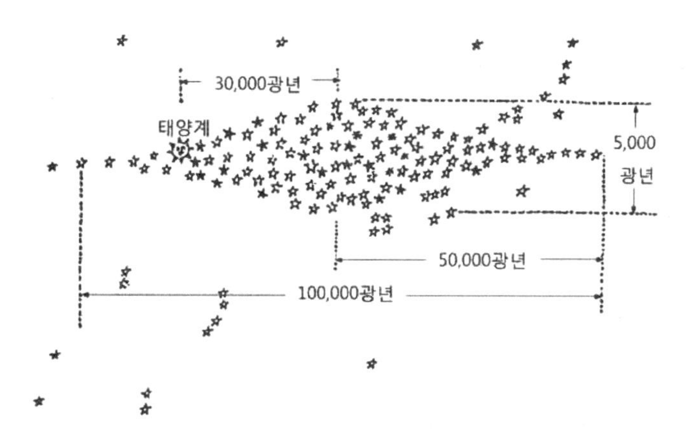

〈그림 7〉 은하계는 멀리서 보면 엷은 원판 형이다

갖고 있는 행성을 지구에서 볼 수는 없다.

우리가 밤하늘에서 볼 수 있는 별은 태양의 행성 외에는 모두 은하계라 부르는 항성의 큰 집단의 일부분이다(이 책에서는 다음부터 이 항성들을 단순히 별이라고 부르기로 한다). 이 은하계의 모양은 은하계에서 멀리 떨어진 곳에서 보면 엷은 원반 모양이다(〈그림 7〉 참조). 그러므로 은하계는 옆에서 보면 띠 모양으로 별이 밀집해 있다. 우리가 〈은하수〉라고 부르는 것이다. 이 원반의 지름은 약 10만 광년으로 그 두께는 약 3000~5000광년이라고 알려져 있다. 원반의 중심부분에는 별이 밀집되어 있고 주위로 갈수록 엷다.

원반상의 은하계를 바로 위에서 내려다보면, 중심을 둘러싼 별이 나선상으로 분포하고 있다. 그리고 태양은 그 나선모양의 끝 쪽에 위치하고 있다.

왜 나선상으로 되어 있는가 하면 은하계 전체가 중심부분일수록 빠른 회전운동을 하고 있기 때문이다. 그 때문에 둘레는 빨리 회전하는 중심부분에 끌려서 돌고, 전체가 나선상으로 되어 있다. 은하계 전체가 1회전하는 데는 약 2억 년의 시간이 걸린다. 은하계의 구조는 종래의 망원경으로 관측해서는 잘 알 수 없었지만, 전파망원경이 발달하여 차츰 밝혀졌다.

우주 전체의 별은 1조의 1000억 배

은하계 밖의 우주공간에는 무엇이 있을까? 천문학자가 은하계 밖까지 살피기 시작한 것은 몇십 년이 채 되지 않았지만, 관측결과 우주의 구조에 대해 뜻밖의 중대한 단서를 발견하였다.

은하계 밖의 광대한 우주공간에 헤아릴 수 없을 만큼 많은 은하계와 같은 종류의 별의 집단이 산재하고 있다는 것이었다. 이것을 섬우주(Island Universe)라고 부르기도 한다.

이 발견은 미국의 천문학자 허블(Edwin Powell Hubble, 1889~1953)의 공적으로, 그는 캘리포니아의 윌슨산 천문대에서 이를 관측하였다. 1924년 종전까지 성운(Nebula)이라고 불렸고, 가스 덩어리라고 믿어왔던 것이 실은 별의 대집단(大集團)인 것을 사진으로 증명하였다.

그 후 그의 연구로 우주에서 성운의 분포에 대해서 대략 다음과 같은 것을 알게 되었다.

비교적 은하계에 가까운 우주공간에서는 성운은 거의 같은 밀도로 분포해 있으며, 성운 사이의 평균거리는 약 200만 광년이다. 성운의 수는 세계 최대의 망원경(미국의 팔로마산 천문대에 있는 200인치의 반사망원경)으로 보이는 범위 안에만 약 1조(10^{12})개나 산재해 있다(〈그림 8〉 참조). 그중 한 성운은 은하계

〈그림 8〉 은하계와 아주 비슷한 나선성운 NGC 5194
(미국 팔로마산 천문대의 200인치 반사망원경으로 촬영)

와 마찬가지로 1000억 개(10^{11})쯤의 별의 집단이므로 우주 전체의 별의 수는 1조의 1000억 배(10^{23})보다 많다는 것이다. 정말 아찔하게 큰 수이다. 이 성운에 대한 지식으로부터 우주공간이 휘었는지 어떤지를 실측(實測)하는 방법을 생각해 냈다.

우리가 중·고등학교에서 공부한 기하학은 곡면이 0인 평면 위 및 공간에 그린 원형(圓形)의 기하학이다. 이 기하학을 유클리드* 기하학이라고 한다. 여기에 대해 곡면이 플러스 또는 마이너스의 경우인 기하학은 비유클리드 기하학이라고 부른다. 그런데 유클리드 기하학의 정리(定理)가 비유클리드 기하학에서는 성립하지 않는 경우가 있다.

예를 들어, 앞에서 얘기한 것처럼 평면 위에서 원의 넓이는

---

*역자 주: Euclid; 에우클레이데스, Eukleides, 약 B.C. 325~285

반지름의 제곱에 비례하지만 다른 면 위에서는 비례하지 않는다. 그 관계는 다음과 같다.

평면(0의 면)인 경우-반지름의 제곱에 비례

구면(플러스 면)인 경우-반지름의 제곱에 비례하는 것보다 작다.

말안장형면(마이너스 면)인 경우-반지름의 제곱에 비례하는 것보다 크다.

그런데 공간에 구면을 그리고, 그 면으로 둘러싸인 구의 부피를 측정해 보면, 면의 경우 다음과 같다.

곡면이 0인 공간의 경우-반지름의 세제곱에 비례

(+)로 휜 공간인 경우-반지름의 세제곱에 비례하는 것보다 작다.

(-)로 휜 공간인 경우-반지름의 세제곱에 비례하는 것보다 크다.

아인슈타인의 예상을 뒤엎은 실측 결과

이러한 공간의 기하학적 성질을 이용하여 실제의 우주공간이 휘었는지를 알 수 있다. 실측할 수 있는 범위 안에 어떤 점을 중심으로 몇 가지 반지름을 갖는 구(球)를 우주공간에 가상(假想)하는 방법이다. 이 구들의 부피가 반지름의 세제곱에 비례하여 어떻게 변하는지를 조사한다. 그 결과에 따라 우주공간의 곡면을 알 수 있다(〈그림 9〉 참조).

그런데 우주공간 안에서 가상한 거대한 구의 부피를 어떻게 잴 수 있을까?

먼저 얘기한 것처럼 현재 관측할 수 있는 범위에서는 성운이 일정한 밀도로 분포하고 있다. 그 성운 사이의 평균 거리가 약 200만 광년이라는 것도 알려졌다. 그래서 이 관측결과가 전우주(全宇宙)에 부합된다고 가정한다. 그렇다면 이 우주공간 안의 구의 부피는 그 구 안에 존재하는 성운의 수와 비례하게 된다. 즉, 구의 부피가 클수록 그 부피 안의 성운의 수는 비례하여 커진다고 할 수 있다. 그래서 반대로 구안의 성운의 수를 실측하면 구의 부피를 알 수 있다.

예를 들면 지구를 중심으로 반지름 1억 광년의 구 안에 존재하는 성운의 수와 반지름 5억 광년의 구 안의 성운의 수를 실측하여 비교한다. 만일 우주공간이 휘지 않았을 경우, 바꿔 말하면 0으로 휜 경우는 성운의 수는 나중의 것이 앞의 125배(5^3)가 된다. 만약 플러스(+)로 휘었다면 125배보다 작고, 만약 마이너스(-)로 휘었다면 당연히 125배보다 클 것이 예상된다.

이런 방법에 의하여 미국의 천문학자들이 우주공간의 곡면을 조사한 바에 의하면, 뜻밖에도 아인슈타인의 예상에 반하여 곡면이 0이 아니면 다소 마이너스(-)인 것 같다는 결과가 나왔다. 이 관측결과는 아직 충분히 신빙성이 있는 것은 아니지만, 어쨌든 망원경으로 보이는 범위 안에서 우주공간은 그다지 휘지 않았다고 볼 수 있겠다.

그렇지만 이것만으로 우주 전체의 곡면에 대해 안이한 결론을 내리는 것은 금물이다. 왜냐하면, 현재의 망원경으로는 보이지 않는 먼 곳의 우주공간이 어떻게 되어 있는지를 전혀 알 수 없기 때문이다.

그런데 아인슈타인의 우주론은 곡면에서만 관측결과와 맞지 않는 것이 아니라, 현재는 더욱 우주의 관측이 진보하여 아인슈타인이 생각지도 못한 공상적(空想的)인 현상이 발견되고 있다. 그런 현상을 고려하지 않은 아인슈타인의 우주론은 정적(靜

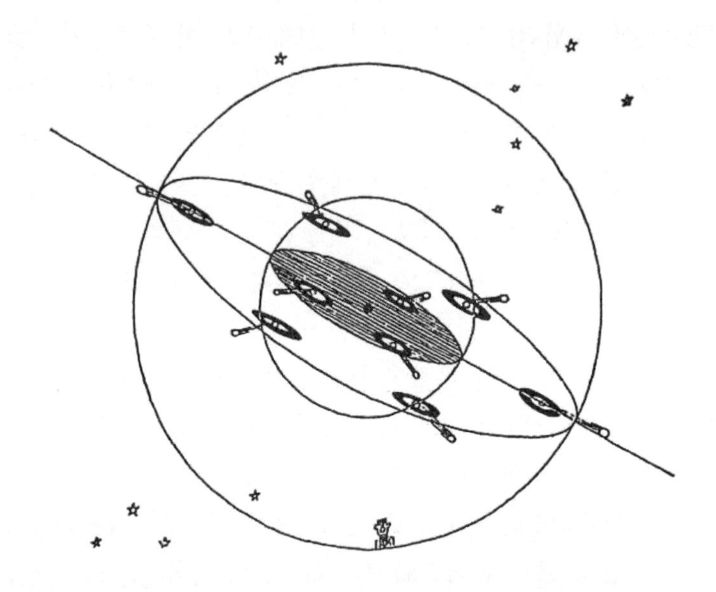

〈그림 9〉 우주공간이 어떻게 휘었는지를 조사하기 위해서는 반지름이 다른 구 2개를 우주에 그려보고 그 안에 있는 성운(星雲)의 수를 세어본 후 구의 부피를 비교하면 된다

的) 우주론이라 하여 과거의 것이 되어 버렸다.

그러나 우주공간이 휘었다는 개념은 아인슈타인이 처음으로 생각해낸 것이다. 우주공간을 생각하는 방법으로서 비유클리드 기하학을 사용한 것은 우주에 대한 물리학의 시야를 크게 넓혔다. 그런 뜻에서 아인슈타인의 우주론에 대한 공적은 실로 크다고 해야 하겠다. 다음에는 새로 발견된 공상적인 현상에 관해 이야기하겠다.

3. 우주는 팽창하고 있다

20억 광년의 먼 성운도 망원경으로 보인다

성운의 존재를 발견한 허블은 특히 성운의 운동을 관측하는 데 열중하였다. 이 관측에는 휴메이슨(Milton L. Humason, 1891~1972)이 협력하였다. 그리고 매우 이상한 현상을 발견하였다. 그 발견이란 우주가 팽창하고 있다는 사실이다. 그는 먼저 모든 성운에서 오는 희미한 빛이 약간 붉다는 것을 발견하였다.

별(恒星)은 태양과 거의 흡사하다는 것이 알려지게 되었다. 따라서 별이 내는 빛은 태양광선과 같은 백색광선(白色光線)이다. 그러므로 별의 큰 집단인 은하계가 아닌 성운(섬우주)으로부터의 빛도 태양광선과 같은 백색광선이어야 했다. 그런데 성운으로부터의 빛이 약간 붉었다. 이 현상은 적색편이(Red Shift)라고 불린다.

백색광선은 일곱 가지 색(빨강, 주황, 노랑, 초록, 파랑, 남색, 보라)의 빛이 합성된 것이다. 일곱 색의 빛 가운데서 파랑, 보라의 부분을 없애면 그 빛은 붉어진다. 그러나 이런 경우는 적색편이라고 하지 않는다.

적색편이란 일곱 색의 빛의 파장이 전부 일정하게 길어지는 현상이다. 그런데 적색은 일곱 색 가운데서 가장 파장이 길다. 일곱 색의 빛의 파장이 일정하게 길어졌다는 것은 즉, 일곱 색 전부가 적색 쪽으로 조금 옮겨지는 것을 뜻한다. 그러면 일곱 색이 겹쳐서 전체적으로 백색이었던 광선이 붉은 기를 띠게 된다.

〈그림 10〉 미국 천문학자 허블은 우주가 풍선처럼 팽창하고 있다는 것을 알아냈다

적색편이가 생기는 이유는 한 가지만이 아니지만 성운으로부터의 빛의 적색편이는 도플러 효과(Doppler Effect)라고 불리는 현상으로 일어난다. 도플러 효과란, 예를 들면 타고 있는 기차가 다른 기차와 지나칠 때를 생각해 보자. 지나치기 전에는 저쪽 기차가 내는 기적소리가 높고, 지나쳐 버리면 그 기적소리가 낮게 들린다. 이런 현상이 바로 도플러 효과이다.

도플러 효과는 기적(汽笛)에서 앞쪽(기차의 진행방향)으로 나가는 음파는 압축되어 파장이 짧아지고, 반대로 뒤쪽으로 나가는 음파는 늘어나서 파장이 길어지기 때문에 일어난다. 사람의 귀에는 파장이 짧은 음파는 높게, 긴 음파는 낮게 들린다. 그래서 같은 기적소리가 높아졌다 낮아졌다 하는 것이다.

빛도 파(波)이므로 음파와 마찬가지로 도플러 효과가 일어난다. 따라서 지구에서 본 성운으로부터의 빛이 적색편이를 나타내는 것은 그 파장이 길어졌기 때문이며, 그 성운이 지구에서 후퇴하는 것이 된다. 허블과 휴메이슨의 관측결과에 의하면 모든 성운이 후퇴운동(後退運動)을 하고 있는 것이다.

허블은 휴메이슨과 협력하여 1929년에 관측 사실을 기초로 성운의 후퇴운동을 표시하는 방정식을 발표하였다. 이것은 허블-휴메이슨의 방정식이라 불리는 매우 중요한 식이다. 이 방정식은 지구와의 거리와 그 성운의 후퇴 속도 관계를 나타낸다. 계산 결과, 성운의 후퇴속도는 먼 성운일수록 빠른 것이 밝혀졌다. 따라서 마치 각 성운, 즉 우주전체가 은하계를 중심으로 팽창하고 있는 것처럼 보인다(〈그림 10〉 참조).

우리 주변에서 찾아볼 수 있는 예는 다음과 같다.

풍선에 검은 점을 많이 그려 넣고 풍선을 분다. 풍선이 커감에 따라, 처음에는 가까웠던 각 점 사이의 거리가 멀어진다. 가령 어느 임의의 한 점을 중심으로 잡고, 그 점에서 멀어져가는 점의 운동을 관찰했다고 하자. 먼 점일수록 빠른 속도로 멀어져가는 것을 볼 수 있다. 이 풍선을 우주라고 하고 풍선 위의 각 흑점이 각 성운을 나타낸다고 상상하자. 허블-휴메이슨의 방정식은 우주가 이 풍선처럼 팽창하고 있는 것을 말해준다. 이 얼마나 우리의 감각을 넘어선 현상인가?

미국의 팔로마산 천문대에 있는 세계 최대의 망원경은 20억 광년의 먼 곳에서 희미하게 빛나는 성운의 모습을 사진으로 찍을 수 있다. 그러나 그것은 20억 년 전의 옛날 모습이다. 우주는 팽창하므로 그 성운은 지금 거기에 없다.

허블-휴메이슨의 방정식으로 계산하면 그 성운의 현재 위치는 약 33억 광년의 먼 곳에 가 있다. 지금 그 성운에서 나온 빛이 지구에 다다르자면 지금부터 33억 년 후이다. 한마디로 33억 년이라고 하지만 그때 인류는 그것을 볼 수 없는 것이다. 지금까지 지구 위의 생물의 역사로 보아 한 종류가 그렇게 오래 생존을 계속한 일이 없기 때문이다.

천문학적 시간과 공간이 얼마나 거대한지 알 수 있다.

우주의 나이는 250억 살, 반지름 50억 광년의 구체(球體)

우주는 팽창을 계속하고 있다. 이 팽창이 과거로부터 현재까지 같은 속도로 계속하고 있다고 가정하면 우주의 나이를 계산할 수 있다.

영화필름을 역회전하여 영사하면 시간이 거꾸로 된 광경을 볼 수 있다. 마찬가지로 우주의 시간을 거꾸로 진행시킨 광경을 상상해 보자. 우주는 수축을 시작하여 먼 곳의 성운일수록 빠른 속도로, 가까운 성운은 느린 속도로 모든 성운이 우주의 한 점에 모아지는 광경이 눈앞에 펼쳐질 것이다. 이 광경은 마치 앞에서 얘기한 풍선이 줄어들 때의 광경과 비슷하다.

지금 수축을 시작했다면 우주의 수축이 끝나기까지는 얼마나 걸릴까? 허블-휴메이슨의 방정식으로 계산하면 지금부터 약 50억 년 전이 된다. 이 숫자가 우주의 나이이다. 얼핏 생각하기에, 영구불변하고 정상적인 우주에도 생일이 있었다. 이 우주의 초감각적 시간 규모에 비하면 인류의 역사는 일순간에 지나지 않는다. 일순간이라는 짧은 동안에 사람이 우주를 알 수 있었다는 것은 정말 놀라운 일이다.

50억 년은 허블-휴메이슨의 식으로 계산한 우주의 나이지만 다른 방법으로 추정한 우주의 나이는 이것보다 큰 값이다. 그것은 성운의 나이에서 추정하는 방법이다. 별은 살아있는 것처럼 변화하기 때문에 낱낱의 별에도 나이가 있는 것이다. 그 별의 큰 집단인 성운에도 나이가 있다. 그러므로 가장 늙은 성운의 나이가 우주의 나이와 같을 것이다.

우리 은하계는 비교적 젊은 성운인데, 그 나이는 50억 년이라는 계산이 나왔다. 그런데 늙은 성운의 나이는 250억 년쯤이다. 따라서 이런 관점에서 보면 지금부터 250억 년 전에 벌써 우주가 존재하였다. 이 계산에서 은하계는 우주보다 200억 년 늦게 태어났다. 이렇게 우주의 시간과 공간은 초감각적으로 거대하다. 아무리 정밀한 기계를 사용해서 관측해도 그 측정값에 상당히 큰 오차가 나온다. 그것을 고려하면 관측 방법에 따라 우주의 나이가 다소 다른 것도 납득이 간다.

그럼 팽창을 계속하고 있는 우주공간의 크기는 대체 얼마나 클까? 우주의 나이를 50억 년이라고 가정해서 생각해 보자. 우주는 50억 년 전에는 극도로 수축해 있었으므로, 초고온 상태의 소립자로만 이루어진 부피가 태양계 정도 크기인 도가니였을 것이다. 그런데 갑자기 팽창을 시작했다. 우리가 망원경으로 볼 수 있는 가장 먼 성운의 현재의 속도는 앞에서 얘기한 도플러 효과의 측정으로 광속도의 약 3/5의 속도이다. 그런데 현재 우리가 볼 수 있는 성운보다도 먼 곳에도 다른 성운이 있다고 생각된다. 허블-휴메이슨의 식에 의하면 먼 성운일수록 빨리 날고 있으므로 보이지 않는 성운은 광속도의 3/5의 속도 이상으로 날고 있을 것이다.

가장 바깥쪽 성운이 가장 고속으로 난다. 그 속도를 알면 우주의 크기를 알 수 있다. 그런데 어떤 물체도 광속도 또는 그 이상의 속도로 날 수 없다는 것이 나중에 얘기한 특수 상대성 이론으로 증명되었다. 따라서 가장 바깥쪽 성운의 속도는 광속도의 3/5보다 크고, 광속도보다 작은 속도라고 추정된다. 허블-휴메이슨식을 써서 우주의 반지름을 계산할 때는 가장 바깥쪽 성운의 속도는 거의 광속도에 가깝다고 가정한다.

이상의 지식에 바탕을 두고 우주의 크기를 생각해 보자. 우주가 휘었는지 어떤지는 아직 확실하게 알려져 있지 않으므로, 여기서는 휘지 않았다고 생각하자. 현재의 우주공간이 한 점에서 팽창하기 시작했다고 하면 그 모양은 구형이며 그 반지름은 대략 광속도에 50억 년을 곱한 값, 즉 50억 광년이다.

우주 밖에는 물질도 공간도 없다

여기에는 두 가지 가정이 있다. 하나는 50억 년 전 초고온의 도가니였을 때 우주의 크기가 태양계 정도였다는 것이다. 그 크기는 현재로서는 알 방법이 없다. 크기가 더 컸다면 현재의 우주공간은 반지름이 50억 광년보다도 크다. 또 50억 광년 전에 만약 우주가 무한대의 크기였다면, 현재도 우주공간의 크기는 무한대이다. 무한대 크기의 공간은 상식적으로는 생각하기 어렵다. 하지만 우주 자체가 초감각적인 것이므로 상식적으로 생각하기 어려운 일이 생겨도 별 수 없다. 만약 우주공간이 무한대라면 우주의 끝은 없다.

다른 하나의 가정은 우주공간이 휘지 않았다는 가정이다. 우주공간이 관측할 수 없는 20억 광년 이상의 먼 곳에서 플러스(+)로 휘어져 있을 가능성도 있다. 그런 경우는 아인슈타인이 생각한대로 부피는 유한해도 끝이 없는 우주공간이 된다. 그 경우 앞에서 얘기한 것처럼 우주공간의 성질은 설명할 수 있으나 모양은 말할 수 없다.

결론으로서 현재 우주공간의 모양이 어떻든 간에 부피는 반지름이 50억 광년인 구체(球體)보다도 작지 않다는 것이다. 만약 우주공간의 부피가 무한대가 아니고 더욱이 어디까지 가도 플러스(+)로 휘지 않은 경우에는 우주공간에 끝이 있게 된다. 그런 경우, 끝의 저쪽에는 무엇이 있을까?

물리학적으로 생각해서 만약 우주공간에 끝이 있다고 하면 그 너머는 물리학적 방법으로 인식 못하는 무엇인가가 있다고 할 수밖에 다른 답은 없다. 물리학적 방법으로 인식할 수 있는 것은 물질과 공간이다. 그러나 그것들이 존재하지 않는 우주공간의 끝에 물질이나 공간도 아닌 물리학적으로 알 수 없는 다른 무엇이 존재할 리 없다. 물질과 공간의 관계는 뒤에서(VII. 이후) 얘기하겠다. 그것을 읽고 다시 한 번 돌이켜 이 뜻을 생각해 보기로 하자.

II. 극미의 세계는 상식을 깨뜨린다

1. 물질의 최소단위는 무엇인가?

한 줌의 먼지 속에도 하나의 우주가 있다

우리 주변에 존재하는 여러 가지 물질은 어쨌든 우리 감각의 범위 안에 있으므로 초감각적인 거대한 우주와 비하면 그렇게 엄청난 성질을 갖지 않을 것이라고 생각하기 쉽다.

누구나 물질이란 원소(Element, 한 종류의 원자로 만들어진 것)이거나 화합물(몇 종류의 원자로 만들어진 것)인 것을 알고 있다. 그러나 현대물리학으로 보면 이렇게 뻔한 것이라도 정확한 표현이 아니다. 예를 들면, 빛은 원소도 화합물도 아닌 물질의 일종이다. 현대물리학으로 보면 우리에게 낯익은 물질의 내부에도 우주 이상의 비밀이 숨어 있다.

눈앞에 있는 작은 먼지를 예로 들어보자. 그 먼지 속에도 하나의 우주가 있다. 그 복잡성은 지금까지 보아온 우주의 그것에 결코 뒤지지 않는다. 그러나 대단히 중요한 것은 먼지 속의 우주는 전우주(全宇宙)의 축소판도 아니고, 또 우리 눈앞에 있는 세계의 축소판도 아니다. 그것은 기하학적인 모양이나 크기의 상위만이 아니라 질적으로 다른 것이다. 그렇다면 질적으로 어떻게 다를까? 이 장에서는 그것을 설명하려 한다. 그러나 그 설명을 위해서는 예비지식이 필요하다.

고대 중국, 인도에서는 모든 물질은 지(地), 수(水), 화(火), 풍(風), 공(空) 다섯 가지의 합성으로 되어 있다는 5원설(元說)이 있었다. 또 고대 그리스에서는 기원전 6세기에 밀레토스(Miletos)의 탈레스(Thales, B.C. 624~546)는 「물은 모든 물체의 물질적 원인이다」라고 하였다. 이런 생각은 인류가 물질의 내부구조까지

〈그림 11〉 고대 그리스의 철학자 탈레스는 「만물은 물로 되어 있다」고 말했다

생각이 미치지 못한 단계에서 나온 생각이다. 그러나 오늘날의 지식에서 보면 이런 허황된 생각 안에서 실은 현대물리학적 사상의 싹을 엿볼 수 있다. 즉, 다종다양한 물질을 소수의 소원물질(素原物質)의 집합으로서 설명하려는 사상이다(〈그림 11〉 참조).

기원전 5세기 무렵, 물질의 내부구조를 생각할 수 있게 되었다. 문제의 초점은 물질은 어디까지나 한없이 세분할 수 있는 연속체인가 또는 그 이상 세분할 수 없는 물질의 최소단위의 집합에 의해서 이루어지고 있는가 하는 것이었다. 이 문제에 대해서 그리스의 레우키포스(Leukippos, B.C. 490~370), 데모크리토스(Demokritos, B.C. 460~380)는 그 이상 세분할 수 없는 물질의 최소 단위가 있다고 생각하여 그것을 〈아토마(Atoma)〉라고 이름 지었다. 아토마란 〈분할할 수 없는 것〉이라는 그리스어이다. 우리말로는 〈원자〉라고 한다.

그들의 아토마설(說)은 실험 결과에 바탕을 둔 것이 아니고 상상력으로 생각해낸 것이다. 이 아토마설은 현재의 원자론(原子論)과 잘 일치된다. 다른 점이라면, 모든 물질은 직접적으로 원자로 이루어졌다고 생각한 점이다. 사실은 몇 종류의 원자가 결합하여 분자(Molecule)를 만들고 그 분자가 모여 물질을 만들고 있다. 따라서 물질의 〈성질을 가진〉 물질 구성의 최소단위는 분자이다. 이 사실이 알려진 것은 훨씬 나중인 18세기 후반이었다. 그즈음에 와서야 화학의 실험기술이 진보하여 많은 원소(수소, 산소, 질소 등)가 발견되어 화학반응을 설명하기 위해 원자의 존재를 가정할 필요가 생긴 것이다.

1804년 영국의 돌턴(John Dalton, 1766~1844)은 실험 결과에 기초를 둔 원자 가설을 발표하였다. 그러나 그 가설로는 설명할 수 없는 화학반응이 발견되었다. 그래서 그 화학반응을 설명하기 위해서 이탈리아의 아보가드로(Amedeo Avogadro, 1776~1856)가 돌턴의 원자 가설을 수정하였다. 즉, 분자의 존재를 생각하였다.

원자는 전기력에 의해 두 부분으로 나뉜다

이렇게 물질은 분자로 구성되며 분자는 몇 종류의 원자가 화합한 것이라고 밝혀졌다. 물질 가운데는 철, 알루미늄, 탄소 등

고체상태의 원소처럼 분자를 만들지 않고 한 종류의 원자로 된 것도 있다. 또 산소, 질소, 수소 등의 기체상태의 원소는 같은 종류의 원자가 두 개 화합하여 분자를 만들고 있다. 원자, 분자의 발견은 화학반응의 실험에 의한 이론적 추리에서 이루어진 것이다. 물리학적 방법으로 원자, 분자의 존재를 실증할 수 있게 된 것은 20세기에 들어와서이다.

원자는 그 이름처럼 더 나눌 수 없는 존재일까? 화학반응에서는 분명히 더 나눌 수 없는 것으로 알려졌다. 그런데 물리학적 실험에 의하면 원자는 더 나눌 수 없는 것이 아니고 어떤 구조를 가진 복합체인 것으로 밝혀졌다. 기체 속의 전기방전 현상의 연구에 의해서 분명해졌다. 분자와 원자는 전체로서 전기적으로 중성이다. 따라서 분자의 모임인 기체는 전기가 흐르지 않을 것인데, 기체 속을 전기가 흐른다는 전기방전 현상이 19세기 초기에 전기학자에 의해서 발견되었다. 이것은 기체가 전기적으로 중성이 아닌 것을 나타내고 있다. 이 방전 현상의 수수께끼는 1897년에 영국의 J. J. 톰슨(Sir. Joseph John Thomson, 1856~1940)에 의해 풀렸다.

톰슨은 전기력이 기체 안의 분자나 원자를 전기를 가진 두 부분으로 나누는 것을 알아냈다. 그 결과, 기체는 전기적으로 중성이 아니며 전류가 흐를 수 있다는 것이 밝혀졌다. 또 나눠진 한쪽은 그 질량이 원자보다 훨씬 작고, 음전기를 가졌다는 것을 발견하였다. 그리고 이것이 전자(Electron)인 것을 밝혔다.

전자란 전기량의 최솟값을 갖는 가장 질량이 작은 입자(Particle)란 뜻으로 이런 입자가 존재할지 모른다는 것은 1874년 에이레의 스토니(George Johnstone Stoney, 1826~1911)에 의해서 제창되었다. 톰슨은 스토니가 예상한 전자의 실재를 밝혔다. 전자의 질량을 그램(g) 단위로 나타내면 소수점 이하에 0이 27개가 붙는다. 전자의 질량이 이렇게 작다는 것은 나중에 얘기하는 것처럼 극미의 세계를 특이한 것으로 만든다. 분할된 다른 한쪽은 양전기를 갖고 있고 전자에 비해 질량*이 매우 크며 이온(Ion)이라고 불리게 되었다.

1㎤ 안에 원자핵을 채우면 1억 톤의 무게가 된다

원자폭탄의 출현으로 제2차 대전 이후 원자의 이름은 귀에 익숙해졌다. 원자는 그 중심에 원자핵(Atomic Nucleus)이 있고 그 주위에 전자가 돌고 있다고 통속적으로 설명되고 있다. 이 원자 속 원자핵의 존재를 1911년 영국의 러더퍼드(Ernest Rutherford, 1871~1937, 1908년 노벨화학상 수상)가 발견하였다. 원자핵은 양전기를 가지며, 그 질량은 전자의 2,000배쯤 된다는 것이 곧 실

---

*질량의 대소를 나타내는 데 있어 흔히 무겁다, 가볍다는 표현을 흔히 사용한다. 이 책에서도 이런 표현을 가끔 사용한다. 그러나 물리학에서 말하는 질량은 다음과 같다. 물체는 외력이 작용하지 않는 경우에는 일정한 속도(등속도)로 운동한다. 그리고 그 속도를 바꾸기 위해서는 외력을 작용시킬 필요가 있다. 그런데 물체에 같은 세기의 힘이 작용해도 물체의 종류, 크기 등에 의해서 속도 변화의 정도가 달라진다. 그때 그 속도 변화의 정도를 결정짓는 것이 그 물체의 질량이다. 질량이 큰 물체일수록 속도 변화의 정도가 작아진다.

지상에서 측정하면 질량과 무게는 같은 크기로 모두 그램(g)으로 나타낸다. 그러나 질량과 무게의 물리학적인 뜻은 다르다. 무게란, 지구와 물체 사이에 작용하는 인력의 세기를 나타내는 것이다. 따라서 같은 물체의 질량은 어디서 측정해도 항상 일정하지만 무게는 같은 물체라도 그것을 지표에서 측정하는 경우와 지표보다도 인력(引力)이 약한 높은 곳에서 측정하는 경우는 달라진다. 무게는 지표에서는 무겁고 고공에서는 가볍다.

험적으로 밝혀졌다. 원자핵은 이렇게 무겁기 때문에, 만약 1㎤의 상자 안에 만약 원자핵만을 가득 채우면 1억 톤이 된다. 전자의 질량은 핵의 질량에 비해서 매우 작기 때문에 원자의 질량은 대략 핵의 질량과 같다. 원자핵이 발견된 후 다시 20년이 지나 원자핵의 내부구조가 밝혀졌다. 핵 내부구조의 해명은 한 사람의 물리학자가 발견한 것이 아니고 많은 발견이 모여서 된 것이다.

원자핵은 양성자(Proton)와 중성자(Neutron)라는 두 종류의 입자 몇 개가 강하게 결합된 덩어리이다. 이 양성자와 중성자를 핵자(Nucleon)라고 한다. 양성자와 중성자는 그 질량이 대략 같고, 양성자는 양전기를 가지고 있으나 중성자는 전기적으로 중성이다. 전자와 양성자가 갖는 전기량은 같고 모두 전기량의 최소단위가 된다. 즉, 그것은 전자가 갖는 전기량과 같다.

양성자와 중성자, 양성자와 양성자, 중성자와 중성자는 핵 안에서 서로 강하게 결합하고 있으나 결합한 채로 심한 운동을 하고 있다.

원자의 성질은 전자가 결정한다

자연적으로 존재하는 원자의 종류는 92가지이다. 그 중에서 가장 가벼운 것이 수소, 가장 무거운 것이 우라늄이다. 그런데 2차 세계대전 이후, 우라늄보다 무거운 원자를 인공적으로 만들 수 있게 되어 13종류의 새로운 인공원자가 태어났다. 그러나 이들은 전부가 불안정한 원자로서 자연적으로 붕괴한다.

그럼 원자에 왜 이렇게 많은 종류가 있을까? 그것을 결정짓는 것은 근본적으로 원자핵 안의 양성자의 수이다. 핵 안의 양성자수가 1, 2, 3, 4…로 변하는 것에 따라 원자의 종류도 수소, 헬륨, 리튬, 베릴륨…으로 변한다. 원자에는 원자번호가 붙어 있는데 그 수는 양성자의 수와 일치한다. 예를 들면, 우라늄의 양성자수는 92이므로 그 원자번호도 92이다. 이 양성자는 양전기를 갖고 있으므로 양성자수가 많은 핵일수록 양전기를 많이 가지게 된다. 다른 하나의 핵의 구성요소인 중성자는 양자의 수에 거의 비례하여 증가한다. 단, 수소의 원자핵에는 중성자가 없다. 중성자는 전기를 갖지 않는 중성이므로 핵 안의 중성자수의 많고 적음은 핵의 전기량과 관계없다. 단지 핵의 질량의 대소에 관계가 있을 뿐이다.

그런데 원자는 화학반응 때, 그 종류에 따라 반응하는 방식이 다르다. 화학적 성질이 다르기 때문이다. 그러면 여러 가지 원자의 화학적 성질도 핵의 양성자수에 의해서 결정될 수 있을까? 근본적으로는 그렇다. 그러나 직접적이 아니다. 지금까지 얘기한 대로 양성자수가 많은 핵일수록 양전기를 많이 갖게 된다.

그런데 원자는 전체로서는 전기적으로 중성이다. 따라서 양성자와 같은 수의 전자가 핵 밖에 필요하게 된다. 이렇게 양성자의 수는 전자의 수를 정한다. 또한 핵 안의 양상자수는 핵외전자의 에너지도 지배한다. 이렇게 결정된 핵외 전자의 수와 에너지가 화학적 성질을 지배한다.

앞에서 얘기한 이온은 핵외전자수가 어떤 원인으로 늘거나 줄어서 핵의 양성자수보다 많거나 또는 적은 상태가 된 것이다. 앞의 경우는 음전기를 가진 이온, 나중 것은 양전기를 가진 이온이다.

보통의 수소원자는 한 개의 양성자인 핵과 한 개의 핵외전자로 되어있다. 그러므로 수소원자 이온은 수소원자의 원자핵과 같다. 따라서 수소원자에 대해서는 이온=원자핵=양성자가 된다.

그럼 지금까지 극미 세계의 구성원으로서 세 가지의 입자가 있다는 것을 알았다. 양성자, 중성자, 전자이다. 물리학에서는 이 세 가지를 소립자라고 부른다. 이 세 가지 외에도 소립자라고 부를 수 있는 것이 있으나, 여기서는 물질구성원으로서 직접 관계가 있는 세 가지를 우선 들었다. 그리고 이상의 예비지식을 바탕으로 하여 극미 세계의 수수께끼를 풀어보겠다.

2. 극미 세계의 불가사의

이중인격의 괴물 소립자

이 소립자들은 모두 우리의 상식으로 생각할 수 없는 불가사의한 성질을 갖고 있다. 한마디로 말해서 이중인격자와 같은 성질이다. 소립자는 어느 때는 파(Wave)의 모습을 보이나 어느 때는 입자의 모습으로 나타난다. 보는 방법에 따라 전혀 다른 모습으로 보인다(〈그림 12〉 참조).

파와 입자의 모습이 그다지 다른 것이 아니라면 그렇게 큰 문제가 아닐지 모르겠다. 그런데 파와 입자는 상반하는 두 극단적인 성질을 갖고 있다. 상식적으로 생각해도 입자는 탄환과 같은 물질의 작은 덩어리로서 탄도를 그리고 날아간다. 여기에 반해 파의 모습은 어떨까? 조용한 연못에 작은 돌을 던져보자. 돌이 떨어진 점을 중심으로 동심원상(同心圓狀)으로 파가 퍼져간다. 마침내는 연못 크기까지 퍼져간다. 이것이 우리 눈에 보이는 파의 모습이다. 소립자는 어느 때는 탄환과 같은 모습으로 나타나

〈그림 12〉 극미의 세계에는 「지킬 박사와 하이드」 같은 이중인격자가 많다. 파(波)의 모습으로 나타났다가 입자의 모습으로 나타나기도 한다

고 어느 때는 물 위의 파문과 같은 모습으로 나타난다.

우리는 이 소립자의 모습을 육안으로 직접 볼 수 없다. 물리학자는 어떻게 해서 소립자의 모습을 알 수 있을까?

어떤 경우에 소립자는 파가 되고 입자가 될까? 이것을 설명하기에 앞서 먼저 파와 입자의 물리학적 의미를 알아보자.

상식적으로 알고 있는 파는 연못이나 바다에서 파의 이미지로 대표되고 있다. 이 파들은 파의 매질(파가 그것에 의해서 전도되는 것. 연못의 파의 경우는 물)의 운동이 직접 눈으로 보이므로

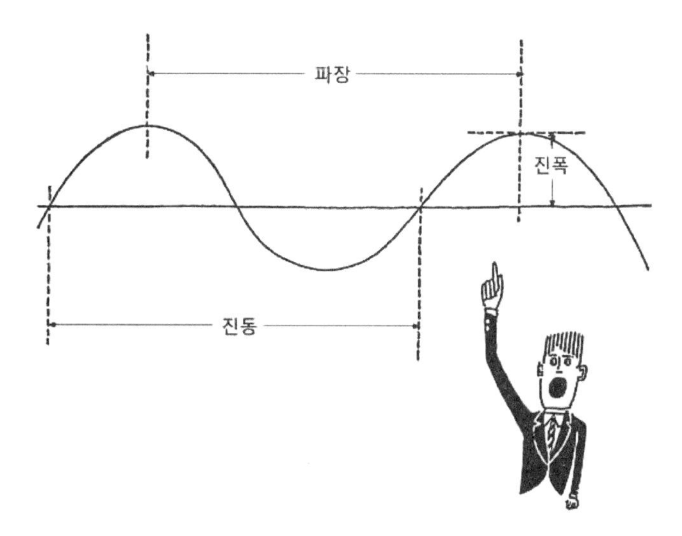

〈그림 13〉 파에는 파장, 진폭, 진동수라는 세 가지 성질이 있다. 이것을 가진 것은 모두 파이다

매우 알기 쉽다. 우리가 상식으로 생각하는 파는 그 파의 이미지가 보이는 것에 중점을 두고 있다. 그러나 물리학자가 생각하는 물리학적인 파는 파의 이미지가 보이는 것이 필요 없다.

물리학자는 파가 갖는 물리학적 성질로부터 파의 특성을 추상화하여 그 추상화된 성질을 가진 현상을 모두 파라고 부른다. 그 추상화된 특성이란 파장, 진동수, 진폭 등이다(〈그림 13〉 참조).

파장은 파의 산과 산 사이의 거리, 진동수는 1초간 산(山) 또는 골짜기가 생기는 횟수, 진폭은 산꼭대기의 높이를 각각 나타낸다(파장과 진동수는 반비례한다).

예를 들면 음(소리)은 눈에 보이지 않지만, 이 성질들을 갖고 있으므로 역시 파이며 음파라고 부른다. 음파의 매질은, 예를 들면 공기 중에 음이 전달되는 경우는 공기이다. 물속을 전파하는 경우는 물이 매질이 된다. 음은 물질적 매질이 없으면 전달되지 않으므로 눈에 보이지 않아도 이해하기 쉽다. 가장 이해하기 어려운 파는 빛이다. 빛은 진공을 매질로 한다. 진공이 파도치는 광경을 보는 것은 물론 상상하는 것도 어렵다.

수면 위의 기름의 반사로 빛이 파인 것을 알 수 있다

음이나 빛처럼 파의 이미지가 눈에 보이지 않는 현상이라도 파인 것을 어떻게 알 수 있을까? 그 방법은 주로 파의 간섭현상에 의한다. 파는 눈에 보이는 것도, 안 보이는 것도 간섭 현상을 일으킨다. 거꾸로 말하면 간섭현상을 일으키는 것이 파다. 파의 간섭현상이란, 예를 들면 각각 다른 두 파가 겹쳤을 때 일어나는 현상을 말한다. 하나의 파의 산과 다른 파의 산이 겹치면 두 파는 서로 세기가 합쳐져서 합성된 파의 진폭이 커진다. 또 하나의 파의 산과 다른 파의 골짜기가 겹쳐지면 두 파는 서로 힘이 약해져서 합성된 파의 진폭이 작아진다. 이것이 파의 간섭현상이다.

그 보기로서 누구나 경험한 일이 있는 현상을 들어보겠다. 수면 위에 기름을 조금 흘리면 기름은 물보다 가볍기 때문에 수면 위에 기름의 엷은 면이 생긴다. 거기에 태양광선이 비치면 기름 면은 색이 생긴다.

이것이 빛의 간섭 현상의 대표적인 예다. 햇빛이 기름 면에 닿으면 둘로 나눠진다. 하나는 기름 면에서 반사하는 빛, 다른 하나는 기름 면을 투과하여 밑의 수면에 닿아서 반사하여 오는 빛이다. 따라서 우리가 기름 면을 볼 때는 눈에 두 가지 반사광선이 들어온다. 하나는 기름 면으로부터의 반사광선, 다른 하나는 기름 면 아래의 수면으로부터의 반사광선이다. 먼저 것보다도 나중 것이 기름 속을 빛이 대략 왕복한 거리(광로차라고 부른다)만큼 많은 거리를 거친다. 가령 기름 속의 광로차가 청색광선의 1파장과 같다고 하자(태양의 백색광선은 일곱 색의 합성으로, 여기서 말하는 청색광선은 그 일곱 색 가운데 하나이다).

만약 청색광선이 마침 기름 속으로 들어갈 때 산의 상태였다면, 기름 속의 광로차를 지나서 기름 면 가까이 나왔을 때도 산의 상태이다. 그 까닭은 1파장마다 파는 같은 상태를 되풀이하기 때문이다. 이 경우는 기름 면에서 반사되는 청색광선도 산의 상태이므로 두 개의 청색 반사광선은 산과 산이 겹쳐져서 그 진폭이 커진다. 빛의 파의 진폭이 커지면, 그 빛은 밝게 보인다.

태양광선 중 적색광선은 어떻게 될까? 적색광선의 파장은 청색광선 파장의 약 2배이다. 만약 적색광선이 기름 면에 들어갈 때 산의 상태이면, 기름 면 가까이 기름 속에서 나올 때는 골짜기의 상태이다. 먼저 경우와는 반대로 두 적색 반사광선은 산과 골짜기가 겹쳐서 그 겹친 파의 진폭이 0이 된다. 진폭이 0인 파는 보이지 않는다. 그래서 기름 면으로부터 나오는 빛은 기름 면을 비친 백색광선에서 적색광선을 상쇄하여 청색광선을 강조한 빛이 된다. 그래서 대략 청색이 강조된 빛으로 보인다. 기름 면의 두께가 변하면, 빛의 기름 속 광로차의 크기도 변해서 앞에서 얘기한 현상과 달라지는 일도 생긴다. 예를 들면 적색광선이 서로 강조되어 기름 면이 적색으로 보이는 일도 있다. 또 기름면의 두께가 빛의 파장에 비해 아주 두꺼우면 기름

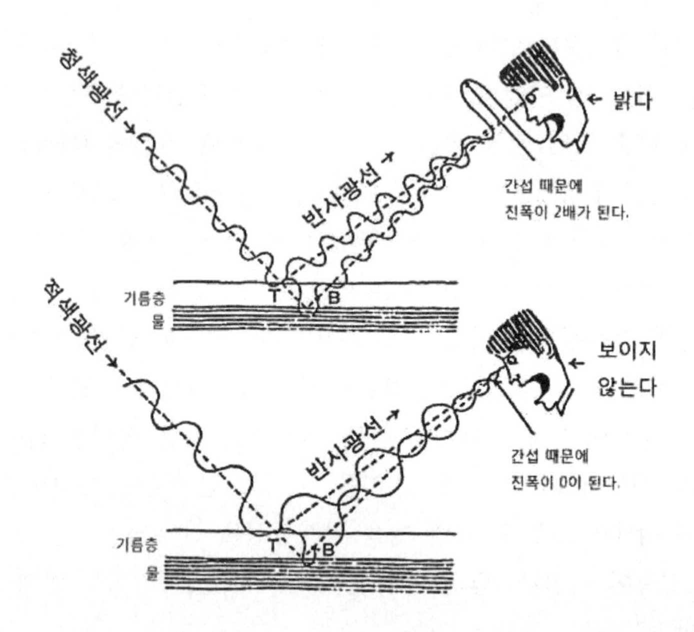

〈그림 14〉 위쪽 그림은 빛이 파인 것을 나타내는 간섭현상. 태양광선이 반사하여 파랗게 보이는 경우이다. 기름 층의 두께와 태양광선 중의 청색광선의 파장이 같기 때문에 청색이 강조된다. 반대로 적색광선은 아래 그림과 같이 약해진다

면에 색이 생기는 간섭현상이 잘 보이지 않게 된다. 그 이유는 앞에서 얘기한 두 반사광선이 너무 떨어져서 잘 겹쳐지지 않게 되기 때문이다.

빛의 간섭현상이 잘 관찰되기 위해서는 수면 위의 기름 층의 두께가 가시광선의 파장 정도(약 1만 분의 8㎜에서 1만 분의 4㎜)여야 한다. 이보다 기름 면이 두꺼우면 간섭현상이 잘 보이지 않는다. 기름면의 빛이 여러 가지로 변하는 것은 수면 위의 기름 층의 두께가 우연히 가시광선의 파장 정도가 되기 때문이다(〈그림 14〉 참조).

이렇게 수면 위의 기름에 색이 생기는 것은 빛이 파인 유력한 증거이다. 이런 간섭현상을 일으키는 것이 파의 특징이다.

소립자의 크기는 1조 분의 1㎜

그럼 입자는 어떤 성질을 가진 것일까? 입자란 뉴턴역학에 의하면 임의의 시각에 정해진 질량, 속도, 위치를 가진 것을 말한다. 그럼 입자인가 아닌가의 판별은 어떻게 할까? 그것은 충돌현상으로 알 수 있다. 운동하고 있는 입자는 운동에너지를 가지고 있다. 그 크기는 입자의 속도가 크면 클수록, 그 질량이 크면 클수록 크다. 두 입자가 충돌했을 때, 큰 에너지를 가진 입자에서 작은 운동에너지를 가진 입자로 운동에너지의 일부분 또는 전부가 이동한다.

파는 무한히 퍼지는 가능성을 갖고 있다. 예를 들면 빛은 적어도 그 파장의 몇 천, 몇 만 배의 공간으로 퍼진다. 엄밀한 뜻으로는 파의 크기를 생각할 수 없다. 얼마든지 퍼질 수 있는 성질의 것이다. 여기에 반해 입자는 크기가 유한하며 파의 퍼짐에 비하면 크기는 작다. 특히 소립자는 크기가 1조 분의 1㎜ 이하의 작은 것이다. 직감적으로 입자상(粒子像)과 파(波)의 상(像)의 차이를 아는 데는 이 엄청난 크기의 차이를 생각하면 가장 잘 이해할 수 있다. 크기가 1조 분의 1㎜의 소립자가 운동하면 그것이 지나간 예리한 궤적(궤도)을 생각할 수 있다. 그런데 얼마든지 퍼질 수 있는 파가 지나갔을 때(예를 들면 음파) 그 궤적은 예리한 선이 아니고 넓은 공간이다. 이 두 성질을 소립자가 가지고 있는 것은 정말 이상한 일이다.

「빛은 파」라는 확신은 무너졌다

햇빛 아래서 수면 위의 기름에 색이 생기는 것 같이 보이는 것은, 앞에서 얘기한 대로 빛을 파라고 생각하지 않으면 설명할 수 없는 현상이다. 빛이 파인 것을 증명하는 물리학적 실험은 많이 발견되고 있다. 그래서 물리학자들은 빛이 파인 것에 일말의 의심도 갖지 않았다. 그런데 1888년, 홀워치(Wilhelm Ludwig Hallwachs, 1859~1922)가 빛을 파로 생각해서는 아무래도 설명할 수 없는 매우 기묘한 현상을 발견하였다.

양도체, 즉 전기가 잘 흐르는 금속 안에는 자유롭게 움직이는 많은 전자가 항상 모든 방향으로 불규칙적으로 흐르고 있다. 이 전자는 보통 자유전자(Free Electron), 또는 전자기체(Electron Gas)라고 불린다. 보통 전류라고 하는 것은 이 전자기체의 흐름이 총체적으로 일정 방향으로 향하고 있는 경우이다. 금속에 빛을 조사(照射)하면 금속 안의 극히 표면 가까이 존재하는 전자기체가 광에너지를 얻어 금속 밖으로 튀어나오는 현상이 있다. 이 튀어나오는 전자를 광전자(Photoelectron), 이 현상을 광전효과(Photoelectric Effect)라 부른다.

빛이 파인 것은 이미 얘기했다. 파의 에너지는 진폭이 큰 파일수록 크다. 빛도 파라면 진폭이 큰 빛, 즉 밝은 빛일수록 에너지가 클 것이다. 그럼 파인 빛이 전자기체의 하나에 닿으면 어떤 일이 생길까? 빛을 바다의 파도에, 전자를 작은 배에 비유해 보자. 큰 파도에 부딪친 배는 공중에 나뒹구는 일도 생긴다. 파도의 진폭이 클수록 배는 강하게 움직이거나 하늘로 더 높이 나뒹군다. 따라서 밝은 빛으로 금속을 비칠수록 큰 에너지의 광전자가 튀어나와야 했다.

그런데 앞의 광전효과의 실험 결과는 예상 밖의 것이었다. 금속을 비친 빛의 밝고 어둡은 튀어나오는 광전자의 에너지와는 관계가 없고, 단지 광전자의 수가 늘거나 줄었다. 그리고 광전자의 에너지를 좌우한 것은 빛의 색(파장)이었다. 붉은 빛으로 비칠 때보다 파란 빛으로 비친 쪽이 튀어나오는 광전자의 에너지가 컸다.

「빛은 입자이기도 하다」〈아인슈타인의 광양자설〉

아인슈타인은 광전효과를 설명하기 위해 1905년에 유명한 논문을 발표하였다. 바로 광양자설이었다. 그 논문에서 그는 광전효과는 빛을 파라고 생각해서는 설명할 수 없고 빛을 입자라고 생각해야 설명된다고 주장하였다. 그의 광양자설에 의하면 빛의 에너지는 많은 에너지의 덩어리로 되어 날고 있으며 그 한 덩어리가 갖는 에너지는 그 빛의 파장*에 반비례한다고 했다. 그

*파장과 에너지의 관계를 더 구체적으로 말하면 다음과 같다. 붉은빛보다도 파란빛 쪽이 파장이 짧다. 따라서 청색 속의 광자(청색 광자)쪽이 붉은빛 속의 광자(적색광자)보다도 에너지가 크다. 그러나 그 크기는 차이가 없다. 그럼 광자의 에너지는 얼마나 클까? 파장이 빨강과 파랑인 중간의 황색광자의 예를 들면 그 에너지는 약 2전자볼트(Electron Volt, eV)이다.

전자볼트란 극미의 세계에서 사용하는 에너지의 단위이다. 우리가 흔히 사용하는 열에너지의 단위는 칼로리(1칼로리: 1㎤의 물의 온도를 1℃만큼 올리는데 필요한 에너지)이다. 전자볼트를 칼로리로 나타내면 1전자볼트는 100억 분의 1의 100억 분의 1의 4배(4×10^{-20})칼로리이다. 이렇게 광자 1개의 에너지는 매우 작다. 우리가 감각으로 알 수 있는 빛 속에는 이 광자가 대단히 많다. 낱낱의 광자의 에너지가 작아도 그 수가 많으므로, 빛 전체의 에너지는 감각으로 느낄 만큼 크다. 빛 속에는 광자의 수가 얼마나 있을까? 사람의 눈에 빛이 느껴지기 위해서는 애초 1,000개 정도의 가시광선의 광자가 보여야 한다. 그러나 빛이 한 점에서 방출되는 경우에

덩어리를 그는 광자〔Photon 또는 광양자(Light Quantum)〕라고 불렀다.

아인슈타인의 광양자설에 의하면, 광전효과는 하나의 광자와 전자기체 중의 하나의 전자와의 충돌현상이다. 전자에 충돌한 광자는 에너지의 전부를 전자에 주고 광자 자체는 소멸해 버린다. 그리고 전자기체 중의 전자가 자신이 갖고 있던 에너지에 더하여 광자가 가진 에너지의 전부를 이어받아 금속으로부터 튀어나옴으로써 일어난다.

아인슈타인은 상대성이론과 같은 위대한 발견에 대해서는 노벨상을 타지 못했으나, 이 광양자설으로 1921년에 노벨물리학상을 받았다.

현대판 요술 문 자동도어(Door)

최근에는 사람이 가까이 가면 자동으로 열리는 문을 설치한 건물이 많아졌다. 그 장치에는 광전관(Phototube)이라는 전자관이 사용되고 있다. 광전관은 광전효과의 원리를 응용하여 빛의 강약을 전류의 강약으로 변환시킨다. 광전관 안의 유리벽에 가장 광전효과가 높은 세슘(Cesium: Cs)이 연착(延着: 금속을 증기로 만들어서 유리면에 응축시키는 것)되어 있다. 거기에 빛이 닿으면 광전효과로 광전자가 튀어나간다. 그 광전자를 모아서 도선에 흘리면 빛의 강약에 대응한 세기의 전류가 흘러 문의 개폐

는 몇 십 개의 광자가 눈에 들에 오면 희미하게 비치는 한 점을 볼 수 있다. 10m 떨어진 곳에서 100와트의 전등의 빛을 보는 경우에는 애초 눈에 들어오는 가시광선의 광자의 수는 약 1000억 개나 된다. 광양자설에 의하면 빛의 밝기는 빛 속의 광자 수에 비례한다.

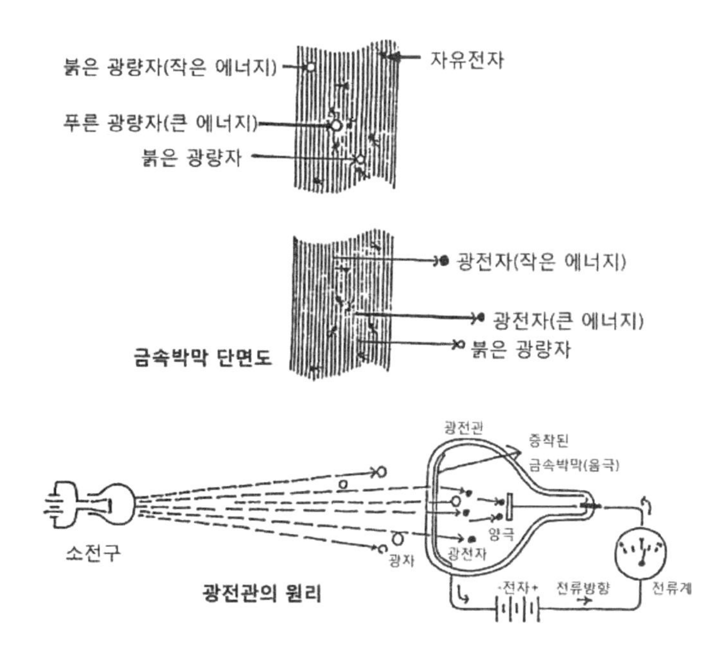

〈그림 15〉 빛이 입자인 것을 보이는 광전효과. 금속박막에서 튀어나오는 광전자의 에너지는 빛의 색으로 달라진다. 이것을 이용하여 빛을 전기로 바꾸는 것이 광전관이다

가 가능하다(〈그림 15〉 참조).

또 최근에 영상 증배관(增倍管)이라고 불리는 전자관의 개발연구가 진행되고 있다. 이것은 매우 어두운, 겨우 100개 정도의 광자로 그려지는 영상을 대단히 밝은 영상으로 변환할 수 있는 장치이다. 이것을 사용하면 사람의 눈으로 전혀 보이지 않는 어둠 속의 경치를 명확히 볼 수 있게 된다. 이것 역시 세슘 금속박막에서 광전효과로 빛에 의하여 증발하는 광전자를 이용한다. TV카메라에는 〈TV의 눈〉이라 불리는 이미지 오시콘(Image Orthicon)이라는 장치가 사용된다. 빛의 영상을 광전효과를 이

용하여 전기신호로 변환하는 원리를 이용한 장치이다. 광전효과의 원리는 빛의 현상을 전기현상으로 바꾸는 장치에 이용되어 우리의 일상생활에 많이 응용되고 있다. 그 변환장치에서는 빛의 입자성이 주역을 맡고 있다.

빛이 드디어 소립자 그룹에 끼다

어느 때는 입자의 모습을, 또 어느 때는 파의 모습을 보이는 빛의 정체는 무엇일까? 모습을 보이지 않을 때는 빛은 어떤 모양을 하고 있을까? 빛의 정체는 파도 아니고 입자도 아닌, 단지 어떤 모르는 물체라고 말할 수밖에 없을까? 우리의 생활에 빛만큼 관련이 깊은 것이 또 있을까? 빛 없이 우리는 살 수 없다. 그런데도 빛은 정체가 분명하지 않다.

물리학자들은 빛이 파라고 생각해서 소립자에서 제외하고 있었다. 그런데 빛은 입자이기도 하므로 어쨌든 괴짜이기는 하지만 소립자의 일원으로 인정되었다. 물리학자들은 그래도 빛과 다른 소립자를 구별해서 생각하였다. 빛은 〈준소립자(準素粒子)〉이고 다른 것은 〈순소립자(純素粒子)〉라고 생각했다.

그런데 광자가 소립자의 일원이 되고 나서 약 20년 뒤에 물리학자들의 생각이 틀렸다는 것을 알게 되었다. 즉, 모든 소립자는 파와 입자의 이중성을 가졌다는 사실이다. 극미의 세계에는 이중인격자만이 살고 있다. 이것은 차차 알게 된다.

3. 얼마나 작은 것까지 보일까?

극미의 세계를 엿보는 방법

극미 세계의 구성요소와 그 기묘한 성질은 알았다. 그럼 이 세계의 세밀한 구조는 어떻게 되어 있을까? 먼저 극미 세계의 구조를 어떤 방법으로 알 수 있는지 생각해 보자. 초거대 우주의 모습을 보기 위해서 거대한 망원경이 만들어졌다.

물체의 구조를 아는 데는 눈으로 보는 방법이 가장 직감적이고 알기 쉽다. 그럼 얼마나 작은 것까지 볼 수 있을까? 옛날부터 「백문이 불여일견」이라는 말이 있는데 이는 극미의 세계에서도 통용될까?

작은 물건을 보는 이야기에 들어가기 전에 그 준비로서 배율(倍率)과 분리능(分離能)에 대해서 먼저 알아둘 필요가 있다. 배율이란 물체를 확대해 보는 확대율을 말한다. 여기에 대해서 분리능이란 접근한 두 점을 분리해서 보는 능력이다. 즉, 두 개의 점을 얼마만큼 분명히 두 점으로 볼 수 있는가 하는 것이다. 분리능은 분리해서 보이는 두 점 사이의 최소거리로 표시된다. 분리능이 높다는 것은 분리해서 보이는 두 점 사이의 거리가 작다는 것이다. 요컨대 분리능이 높을수록 물체의 작은 부분이 세밀하게 보인다. 사람 눈의 분리능은 명시거리(明視距離: 눈에서 약 25㎝)에서 약 100분의 7㎜이다. 바꿔 말하면 사람의 눈은 100분의 7㎜ 이하로 접근한 두 점을 봤다 해도 그것을 두 점으로 볼 수 없다. 그런 경우에는 흐릿한 하나의 점으로 보인다. 요컨대 사람의 눈은 100분의 7㎜보다 작은 물체의 세부를 볼 수 없다.

다음에 렌즈로 물체를 10배로 확대해서 보자. 실물로 1,000분의 7㎜ 떨어진 두 점은 렌즈로 보는 상(像)으로는 100분의 7㎜ 떨어져 보인다. 따라서 눈은 렌즈를 통하여 그 두 점을 두 개의 점으로 볼 수 있다. 이렇게 렌즈의 분리능은 렌즈의 배율에 비례하여 높아진다. 보통 현미경은 많은 수의 렌즈를 조합해 만든 배율이 큰 확대경이라고 할 수 있다. 이런 것을 광학미시경이라고 한다. 광학현미경의 배율을 크게 해가면 그 분리능은 비례적으로 높아진다.

그래서 다음과 같은 하나의 결론이 얻어진다.

『현미경의 배율을 아주 크게 하면
그 분리능도 아주 높아지고 분자나 원자까지도 볼 수 있다』

먼저 설명만으로 생각하는 한 이 결론은 옳다. 그런데 다음에 설명하는 이유로 이 결론은 간단히 부정되어 버린다. 분리능은 보려는 물체를 비치는 빛의 파장보다 높아지지 않는다는 이유가 있기 때문이다. 바꿔 말하면 비치는 빛의 파장보다도 작은 물체의 세부는 아무리 확대해도 흐릿해져 버려서 똑똑히 볼 수 없다. 그 이유는 다음과 같다.

광학현미경으로 보이는 한계

빛이 파의 모습으로 나타났을 때 그 파는 전자파(Electron Magnetic Wave)라고 불리는 파를 형성하는 것이 증명되었다.

전자파란 진공(물질의 종류에 따라서는 물질 속이라도 좋다) 속을 전파하는 전기장(Electric Field)과 자기장(Magnetic Field)의 파라는 뜻이다. 그리고 전자파는 전기장의 파와 자기장의 파 두 가지가 합성된 파이다. 라디오, TV, 레이더 등 통신용으로 사용하는 전파도 정확하게는 전자파이다. 단지 습관적으로 전파라 부르고 있을 뿐이다.

파의 일반적 성질로는 장애물 뒤쪽이라도 휘어서 닿는 성질이 있다. 그런데 휘는 정도는 파의 파장이 길수록 크다. 예를 들면 산의 골짜기에서도 라디오가 들리는 것은 라디오 전파의 파장이 길어서 잘 휘어 나가기 때문이다. 그런데 골짜기 진 곳에서 TV가 보이지 않는 것은 TV 방송용 전파의 파장이 짧고 잘 휘어지지 않기 때문이다(라디오 전파의 파장은 약 500m, TV 전파의 파장은 약 1m).

가시광선의 파장은 전파에 비해서 매우 짧고, 가장 긴 적색이라도 약 1,000분의 1㎜이다. 따라서 TV 전파보다도 훨씬 직진성(直進性)이 크다. 즉, 휘어 나가기 어렵다.

그러나 빛도 파이므로 그 정도는 적지만 전파처럼 휘는 성질이 있다. 그래서 근소하지만 빛은 여러 방향으로 휘어 나가기 때문에 현미경을 만들 때 무수차(無收差)의 이상적 렌즈(빛이 직진한다고 가정하고 한 점에서 나온 빛을 한 점으로 모을 수 있게 설계한 렌즈)를 사용해도 한 점에서 나온 빛이 실제로 완전히 한 점에 상을 만들지 못한다. 그리고 점상(點像) 대신 크기가 있는 흐릿한 원형상(원 모양)이 되어버린다. 그 원형상의 반지름이 빛의 파장 정도가 된다. 따라서 빛의 파장보다도 작은 물체의 상은 분리해서 볼 수 없게 된다. 이런 현상은 빛이 파인 이상은 아무래도 피할 수 없는 본질적인 것이다. 그런데 눈으로 느낄 수 있는 광선, 즉 가시광선의 파장은 분자나 원자의 크기보다도 몇천 배나 크다. 그래서 렌즈를 많이 써서 현미경의 배율을 아무리 크게 해도 광학현미경으로는 분자나 원자의 모습을 볼 수 없다.

물리학사상 최대 발견의 하나인 〈드브로이의 물질파〉

현미경의 최고의 분리능은 대략 가시광선 중의 가장 짧은 파장과 같은 약 10만 분의 2㎝이다. 바꿔 말하면 10만 분의 2㎝가 시각으로 볼 수 있는 극미의 한계이다. 그럼 그 이상 작은 세계를 보는 것은 절대 불가능할까? 실은 전혀 뜻밖의 일로 이 한계보다도 작은 세계를 볼 수 있게 되었다. 과학이 재미있는 점은 연구가 벽에 부딪쳐도 그 상태는 일시적인 것이어서 반드시 새 국면이 열린다는 데 있다.

전혀 뜻밖의 일이란, 프랑스의 물리학자 드브로이(Louis Victor Prince de Broglie, 1892~1987)의 물리학사상 최대 발견 가운데 하나이다. 그는 1923년까지 입자의 성질만 가졌다고 믿어왔던 전자가 파동적 성질을 가진 것을 이론적으로 예상했다.

그는 빛의 파와 입자의 이중성은 빛만의 특성이 아니고 모든 소립자에서 일어날 수 있지 않을까 상상했다. 흔히 어느 한 특별한 현상은 실은 일반적인 현상이 나타낸 것에 지나지 않는 전부가 많다. 이런 상상력이야말로 물리학의 진보에 가장 중요한 것일 것이다.

그는 다시 소립자뿐만이 아니고 모든 물체에 파의 성질이 있다는 것을 주장했다. 그런 뜻에서 이 파는 물질파(Material Wave)라고 불리게 되었다.

이 이론은 곧 실험에 의해서 완전하게 증명되었다. 그는 1929년 노벨물리학상을 받았다.

드브로이의 이론에 의하면 모든 소립자는 파의 성질을 갖고 있으므로 한 개의 전자도 파의 성질을 갖고 있다.

그러면 많은 전자가 같은 속도로 같은 방향으로 흐르고 있는 전자의 흐름(電子流)도 파의 성질을 갖고 있어야 한다. 광선속에는 많은 광자가 광속도로 같은 방향으로 흐르고 있다. 광자에 대해서는 전자가 대응하고 광선에 대해서는 전자류가 대응할 것이다.

극미 세계의 벽을 깬 전자현미경

그럼 전자류가 실제로 파인 것을 증명할 수 있을까? 그것은 간섭현상이 일어나는지 어떤지를 시험해 보면 된다.

이 전자파의 간섭현상을 일으키기 위해서는 빛의 경우, 수면 위의 기름층은 너무 두껍다. 자연 속에는 마침 적당한 대용품이 있다. 그것은 물질의 결정이다. 금속 및 그 밖의 물질의 결정 안에서는 원자가 규칙적이고 입체적으로 배열되어 있다. 이것은 원자의 입체 격자배열이라 불리며, 원자와 원자의 간격이 대략 1억 분의 1㎝이다.

이 결정에 파장이 1억 분의 1㎝ 정도인 X선을 조사해 본다. 예상대로 결정 안의 각 원자는 작은 거울처럼 조사(照射) X선을 반사한다. 그러면 근접한 반사 X선끼리 간섭현상을 일으킨다. 그 간섭 X선은 어떤 방향에서는 진폭이 서로 강조되어 밝아지고 다른 방향에서는 진폭이 약화되어 어두워진다. 이렇게 해서 결정에서 반사돼 나오는 다수의 간섭 X선을 사진건판에 투영하면 명암으로 된 아름다운 기하학적 무늬를 얻을 수 있다. 이 무늬를 〈라우에*의 점무늬〉라 한다.

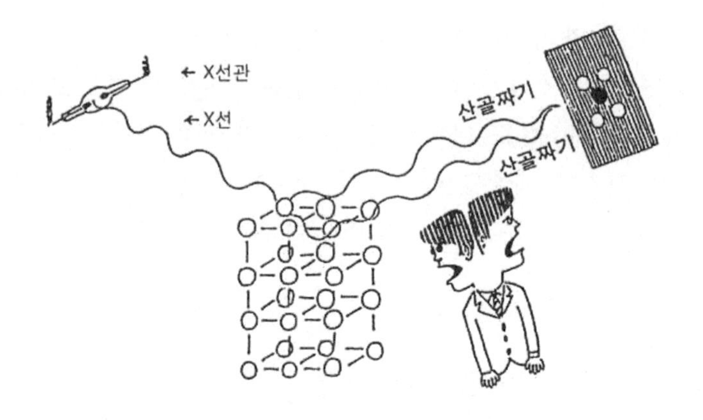

〈그림 16〉 전자류가 파인 것을 증명하는 실험. 물질의 결정 안에서 원자는 규칙적이고 입체적으로 배열되어 있다. 그것을 X선으로 비추면 간섭현상이 일어나 사진건판에 무늬를 그린다. 전자류도 마찬가지 현상이 일어난다

그래서 X선 대신에 전자류를 사용하여 〈라우에의 점무늬〉가 얻어지면 전자류는 파인 것이 증명되는 것이다. 이 실험은 1927년 미국의 벨 전화연구소(Bell Telephone Laboratory)의 데이비슨(Clinton Joseph Davisson, 1881~1958, 1937년 노벨 물리학 수상자)과 저머(Lester Halbert Germer, 1896~1971)에 의해서 행해졌다. 그 결과는 드브로이의 이론과 완전히 일치하였다(〈그림 16〉 참조).

드브로이의 발견은 극미 세계의 〈이론적 해명〉에 크게 공헌했는데, 극미의 세계를 보는 방법에도 크게 도움을 주었다. 이 이론에서 물리학자에게는 곧 물체를 비치는 데 빛 대신 전자의

---

*역자 주: Max Theodor Felix von Laue, 1879~1960

파(전자파)를 사용하는 현미경의 아이디어가 떠올랐다. 그의 이론에 따르면 전자파(일반적으로는 물질파)의 파장은 전자(일반적으로는 입자)의 에너지가 클수록 짧기 때문에 전자파의 파장은 전자의 에너지를 크게 하면 얼마든지 짧게 할 수 있다. 파장만 짧으면 전자파를 사용한 현미경의 분리능은 얼마든지 높일 수 있을 것이니 말이다. 이 아이디어에서 곧 오늘날의 전자현미경이 발명되었다.

전자현미경은 극미 세계의 비밀을 지키고 있던 벽을 깨뜨렸다. 현재 전자현미경은 과학연구의 여러 분야에 응용되어 그 위력을 발휘하고 있다(〈그림 17〉 참조). 그것은 두 개의 부분으로 구성되어 있다. 고에너지 전자류, 즉 전자파를 만드는 부분과 보려고 하는 물체에 충돌하여 반사 또는 투과한 전자파를 모으는 렌즈의 작용을 하는 부분이다. 나중 부분은 광학현미경의 렌즈에 해당하는 것으로 전자형 렌즈와 자계형 렌즈의 두 종류가 있다. 그럼 현재 전자현미경의 분리능은 얼마나 높을까?

전자현미경으로도 보이지 않는 기묘한 원자의 구조

최근의 고분리능 전자현미경의 분리능은 실로 1000만 분의 1㎝에 달한다. 이 고분리능 전자현미경을 사용하면 고분자(High Molecule: Polymer, 단백질 분자와 같이 다수의 원자로 구성되는 거대한 분자)의 상을 볼 수 있다. 그러나 원자의 크기는 약 1억 분의 1㎝이므로 아직 원자의 모습은 볼 수 없다. 전자현미경은 앞에서 얘기한 것처럼 이론적으로 아무리 작은 것이라도 볼 수 있으며 원자를 못 보는 것은 주로 기술적 한계 때문이다. 그러므로 장차 기술개발에 따라 원자의 내부까지 볼 수 있

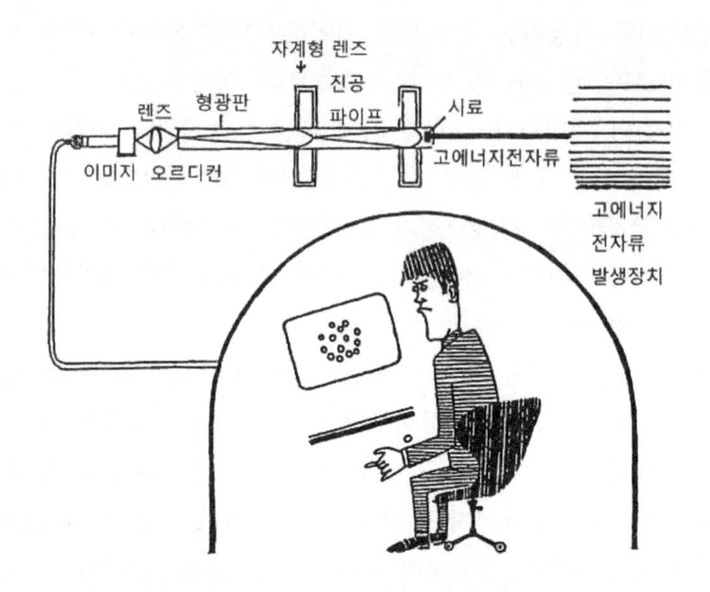

〈그림 17〉 전자현미경의 구조. 확대해서 보려는 것(시료)에 광선 대신 고에너지 전자류를 비추고 그것을 모아서 형광판에서 본다

는 초고분리능 전자현미경이 출현할 가능성은 있다. 그런 경우 고에너지 전자파를 만드는 부분에서 기술적 곤란은 전혀 없다. 곤란은 오히려 렌즈 부분의 제작일 것이다.

그러나 실은 물리학자들은 원자구조를 초고분리능 전자현미경으로 보고 알려는 생각을 일찍부터 포기하였다. 왜일까? 물리학자들은 원자의 구조가 가령 초고분리능 전자현미경을 써도 절대로 볼 수 없는 기묘한 성질인 것을 알고 있기 때문이다.

현재는 원자의 세부구조가 나중에 얘기하는 양자역학이라는 이론으로 완전히 해명되어 있다. 그러나 그것은 눈으로 볼 수 있는 세부구조는 아니다. 원자스펙트럼*을 완전히 설명할 수 있는 것은 수식이다. 그리고 만일 장차 초고분리능 전자현미경으로 원자 내부를 들여다보았을 때 우리의 시야에 전개될 광경을 그 수식에서 명백히 추정할 수 있다.

그럼 원자의 내부는 어떻게 되어 있을까? 최근 원자의 그림이 여러 가지로 발표되고 있다. 중앙에 원자핵이 있고 그 주위에 전자가 궤도를 그리며 돌고 있다. 그래서 초고분리능 전자현미경을 완성하여 그것으로 원자를 보면 그 그림처럼 보일 것이라고 생각하는 사람이 많지 않을까? 그러나 실제로 원자는 결코 그런 그림과 같은 구조가 아니다. 그 그림은 원자의 태양계 모형으로 알기 쉽게 간략화한 단순한 모형적 표현에 불과하다. 이 태양계 모형과 실제의 원자가 다른 점은 다음 두 가지이다.

첫째, 원자핵의 크기는 원자의 지름의 10만 분의 1 정도라는 점이다. 만약 원자의 그림을 지름 20㎝로 그리면 원자핵의 크기는 1,000분의 1㎜밖에 안 된다. 원자핵은 점으로 나타낼 수조차 없이 작아진다.

둘째, 핵의 주위를 돌고 있는 전자〔핵외전자(核外電子)〕는 모형도에 그려진 것과 같은 궤도를 돌지도 않고 또 아무런 궤도도 그리지 않는다.

그럼 만약 초고분리능 전자현미경으로 원자의 내부를 볼 수 있다면 어떻게 보일까? 얘기를 알기 쉽게 하기 위해 가장 간단한 구조를 갖는 수소원자를 예로 들겠다. 수소원자에는 핵외전자가 한 개밖에 없기 때문이다.

---

*고온도의 원자로부터 여러 가지 파장의 빛이 방출된다. 어느 종류의 원자에서 어떤 파장의 빛의 일군(一群)이 방출하는가를 나타낸 것이 원자스펙트럼이다. 이 원자스펙트럼 해설의 단서를 제시한 사람이 드브로이다.

만약 전자현미경으로 원자 내부가 보였다면

이론적으로 예상되는 수소원자의 내부 사진이란 어떤 것일까? 수소원자의 전자현미경 사진은 극히 단순하여 두 개의 흑점이 찍힐 뿐이다. 그중 한 흑점은 핵의 위치이고 다른 하나는 핵외전자의 위치를 나타낸다. 이때 흑점의 크기는 핵 및 핵외전자의 크기와는 관계없고 사용한 전자파의 파장에 관계가 있다. 사용하는 전자파의 파장이 짧을수록 흑점의 크기가 작아진다. 그럼 여기서 모형도처럼 전자가 궤도를 그리고 운동한다고 하자. 그러면 전자의 위치를 나타내는 흑점은 항상 그 궤도상의 어느 한 점에 있어야 한다.

그러나 이런 경우에 주의해야 할 일이 한 가지 있다. 촬영하기 위해 고에너지 전자의 조사(照射)를 받는다는 것은 강한 에너지를 가진 입자가 충돌된다는 것이다. 고에너지 전자의 조사를 받자마자 수소원자의 핵외전자는 튕겨진다. 따라서 촬영할 때마다 새로운 수소원자를 촬영할 필요가 있다. 그런데 모든 수소원자의 구조는 똑같다. 촬영할 때마다 다른 수소원자의 사진을 찍어도 수소원자 안의 핵의 전자의 운동 상태를 알 수 있다. 이런 수소원자의 사진을 몇 천 장 찍고, 핵의 위치가 일치하도록 겹쳐서 투시한다. 그러면 핵외전자의 위치를 나타내는 많은 흑점은 핵외전자가 궤도를 그리고 운동한다고 하면 으레 염주(念珠)처럼 배열되어 그 궤도가 나타날 것이다.

그런데 그 실험의 결과는 전혀 예상 밖이었다. 핵외전자의 흑점은 전혀 궤도를 나타내지 않았다. 그 대신에 마치 사격표적의 탄흔과 같은 분포를 보였다. 표적 중심의 탄흔이 핵의 위치를 나타내는 흑점에 해당하며, 그 주위에 중심 부분일수록

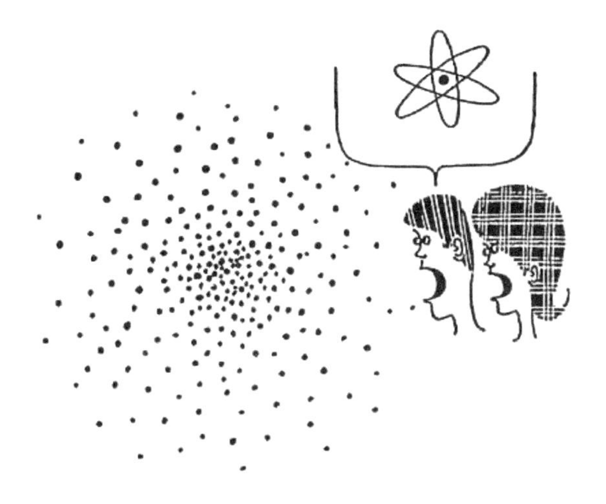

〈그림 18〉 원자핵 주위를 날아다니는 전자(핵외전자)는 일정한 궤도를 그리지 않는다. 만약 전자 현미경으로 사진을 찍으면 무수한 흑점이 찍힌다

짙고, 바깥둘레로 갈수록 엷게 산재하는 탄흔은 핵외전자의 위치를 나타내는 흑점에 해당한다. 〈그림 18〉이 초고분리능 전자현미경으로 볼 수 있다고 예상되는 수소원자의 모습이다. 다른 원자의 모습도 수소원자와 거의 같다고 생각된다. 단지 핵외전자의 위치를 나타내는 흑점의 수가 많은 것만 다를 뿐이다. 그것은 다른 원자가 수소원자보다도 핵외전자의 수가 많기 때문이다.

핵외전자는 유령처럼 운동한다

여러 가지 방법으로 측정한 결과에 의하면 수소원자의 핵외전자는 13.6전자볼트의 에너지를 갖고, 핵의 주위에 존재하는 것

〈그림 19〉 상식으로 보는 핵외전자는 유령이라고 생각할 수밖에 없다

이 확인되었다. 또 그 에너지에서 계산하면 핵외전자는 광속도의 약 0.7%의 속도로 핵의 주위를 날아다니고 있다. 그런데 뉴턴역학에 의하면 물체의 운동은 일정한 법칙을 따른다. 바꿔 말하면 일정한 궤도를 그린다는 것이다. 이것이 우리의 상식이다.

그런데 앞에서 얘기한 것처럼 핵외전자는 운동하고 있지만 일정한 궤도가 없다. 바꿔 말하면 핵외전자는 우리의 상식으로 생각할 수 없는 유령과 같은 운동을 하고 있다(〈그림 19〉 참조).

추리소설에 불가능 흥미라는 일종의 흥밋거리가 있다. 아무리 생각해도 불가능하다고 생각한 일이 실제로 일어날 경우에 누구나 그것이 어떻게 일어났는지에 대해 강한 흥미를 느끼는 것이다. 이것은 추리소설이 갖는 매력 가운데 하나다. 이것과 마찬가지로 물리학자에게 핵외전자가 궤도를 그리지 않고 날아다니는 것은 분명히 하나의 불가능 흥미이다. 그럼 왜 핵외전자는 이런 유령과 같은 현상을 보일까? 실은 현대물리학이 이 신비도 밝혔다. 그것은 자연의 본질과 깊은 연관을 갖고 있었다.

Ⅲ. 현대물리학은 자연의 본질을 밝혔다

1. 단념은 체념이 아니다 〈단념의 철학〉

알게 될까, 알 수 없을까? 그것이 문제이다

극미의 세계에서 일어나는 현상은 앞에서 얘기한대로 우리의 감각 세계의 상식으로는 생각할 수 없는 것이었다. 왜 그런 현상이 일어날까? 그것은 자연의 본질에 원인이 있다. 자연의 본질이란 어떤 것일까? 그것을 설명한 것이 1925년 독일의 하이젠베르크(Werner Karl Heisenberg, 1901~1976)에 의해서 제창된 불확정성 원리이다. 하이젠베르크는 이 원리를 낸 공적으로 1932년에 노벨물리학상을 수상했다.

이 원리에 의하면, 소립자가 파와 입자라는 이중성격자인 이유나 핵외전자가 유령과 같은 존재인 이유를 자연 본질의 단순한 노출의 하나로서 설명할 수 있다.

이 불확정성 원리의 뜻을 확실하게 하기 위해서 먼저 확정성이란 어떤 것인가를 얘기하겠다. 확정성이란 한마디로 말해서 물체의 운동에 대해 현재의 지식으로 미래를 결정할 수(미리 알 수) 있다는 것이다. 뉴턴의 운동의 법칙에 의하면 물체의 운동은 일정한 법칙에 따라 행해진다. 〈그러므로 운동하고 있는 물체를 관측하여 그 물체의 현재의 위치와 속도를 동시에 정확하게 측정할 수 있으면〉 그 물체의 그 다음의 궤도 및 궤도상의 임의의 점에서의 속도를 계산할 수 있다.

이 방법을 쓰면, 예를 들어 지구와 달의 현재 위치와 속도를 정확하게 측정하면 100년 후의 몇 월, 며칠, 몇 시, 몇 분, 몇 초에 지구상의 어디에서 일식을 볼 수 있는지를 것을 미리 알 수 있다. 또 원거리 지점을 포격하는 경우에 그때의 대포의 방향, 포탄의 초속도(발사 시 속도), 대기의 온도, 풍속을 알면 포탄이 발사 후 몇 초가 지나면 어디에 떨어지는가를 알 수 있다.

현재의 일기예보로는 태풍의 미래의 진로를 정확하게 미리 알지 못한다. 이런 경우라도 태풍의 진로에 확정성이 없다(불확정이다)고는 할 수 없다. 미리 알지 못하는 이유는 그 진로를 결정하는 데 필요한 여러 가지 측정값이 충분히 얻어지지 않았기 때문이다. 만약 현재 필요한 측정값이 충분히 얻어지면 남쪽 해상에 발생한 태풍이 십일 후의 몇 시, 몇 분, 몇 초에 어디를 통과하는가를 미리 알 수 있을 것이다. 이렇게 단순한 기술적인 이유로 미리 알지 못하는 경우는 확정성이 없다고 하지 않는다.

또 동전을 던졌을 때 앞이 나오는지 뒤가 나오는지, 또 주사위를 던져서 무엇이 나오는지는 얼핏 생각하여 미리 알 수는 없다. 그러나 이런 경우라도 운동의 상태(작용하는 힘의 세기, 방향, 낙하지점까지의 거리 등)를 정확히 알면 그 결과를 미리 알 수 있다. 그러므로 역시 확정성이다.

우리는 이런 확정성을 뉴턴 역학의 증명에 따르지 않더라도 경험으로 알고 있다. 그것은 우리의 상식이며 또 불확정성 원리가 나오기까지는 물리학자의 상식이기도 하였다. 왜냐하면 불확정성 원리는 이 상식을 깨뜨린 것이었기 때문이다.

보기만 해도 물체의 운동에 변화가 일어난다

불확정성 원리는 어떻게 상식을 깨뜨렸을까? 물체 운동의 미래를 정확하게 미리 알 수 있으려면 물체의 현재 위치와 속도를 동시에 정확하게 측정할 수 있어야 함이 전제 조건으로 되어 있다. 그렇게 되면 뉴턴역학에 의해서 계산할 수 있다.

불확정성 원리에 의하면 물체의 위치와 속도를 동시에 정확하게 측정할 수 있다는 것은 잘못이며, 실은 위치와 속도를 동시에 정확하게 측정할 수도 없다. 즉, 불확정이라는 것이다. 이는 앞에서 나온 확정성을 부정한다. 이렇게 말하면 우리는「이상스런 이론이 아닌가? 그럼 현실적으로 일식이 일어나는 일시와 장소를 미리 계산하거나, 포탄이 떨어지는 장소를 산출할 수 있는 사실과 모순되지 않는가?」라고 생각하게 된다. 그러나 이것은 모순이 아니다.

지구, 달, 포탄 또는 그보다 작더라도 감각으로 알 수 있을 정도의 크기를 가진 물체에 관해서는 그 불확정성의 영향은 거의 눈에 띄지 않는다. 그런데 초감각적으로 작은 소립자, 그중에서도 특별히 작은 전자 따위에 대해서는 뚜렷하게 나타난다. 그 까닭은 불확정성이 일어나는 원인을 알면 간단하게 이해할 수 있다.

물체를 관찰한다는 것은 물체에 어떤 힘이 미치고 있는 상태를 알려는 것이다. 예를 들면 날아가는 야구공을 눈으로 보는 것은, 그 공에 광자가 충돌하여 반사하는 상태를 보고 있는 것이다. 어떤 방법으로도 아무 힘도 작용하지 않는 물체를 보는 것은 불가능하다. 그런데 물체의 운동에 힘이 미친다는 것은 물체의 운동이 교란된다는 것이다. 이것이 불확정성의 원인이다. 즉, 관찰에 의해서 이런 교란이 일어나기 때문에 운동하는 물체의 위치와 속도를 동시에 정확하게 알 수 없다.

큰 물체의 운동인 경우는 그 교란이 거의 문제가 안 된다. 지금 야구공의 예를 들었는데, 이 경우 눈에 느낄 정도의 양의

〈그림 20〉 소립자는 보기만 해도 행동이 달라진다

광자가 충돌해도 공의 속도는 거의 변하지 않는 것이다. 불확정성의 영향이 거의 나타나지 않는다. 그러나 극미의 세계에서는 가령 천천히 움직이고 있는 전자에 광자가 1개라도 충돌하면 전자의 속도는 심하게 교란된다. 그러므로 관찰한 순간(광자가 충돌한 순간) 이후의 위치는 미리 알 수 없게 된다. 즉, 불확정성의 영향이 크게 나타난다(〈그림 20〉 참조).

이렇게 어떤 방법(기술)을 사용해도 불가능한 경우, 원리적으로 불가능하다고 한다. 이론적으로 불가능하다고 해도 된다. 예를 들면 지구가 구체인 한, 지구의 끝을 이론적으로는 볼 수 없다. 구면에는 끝이 없다는 것은 기하학의 정리이다. 이런 경우 지구 표면의 끝을 보는 것은 원리적으로 불가능하다고 한다. 소립자의 세계에 대해서 말하면, 소립자의 위치와 속도를 동시에 정확하게 측정하는 것은 원리적으로 불가능하다.

〈그림 21〉 물리학자의 단념은 체념이 아니다

〈단념〉은 〈창조〉의 모체(母體)

우리는 정확한 위치와 속도를 아무렇지도 않게 생각해 왔다. 또 뉴턴 이래의 물리학도 정확한 위치와 속도는 동시에 결정할 수 있는 것이라고 전제해 왔다. 그런데 물리학은 어디까지나 실험 사실에 기초를 두는 학문이다. 그러므로 자연이 불확정이라 하면 원리적으로 동시에 정확하게 측정할 수 있다는 것으로 알려진 위치와 속도를 생각한다는 것은 물리학적으로 아무런 가치가 없다.

이런 경우 어떻게 하면 될까? 물리학자는 이런 경우 종래 해

왔던 방법을 단념한다. 이런 생각을 〈단념의 철학〉이라고 부른다. 미리 말해 두지만 이 〈단념의 철학〉은 단순한 체념이 아니다. 새로운 개념을 창조하기 위한, 낡은 개념에 대한 소용없는 집착을 단념하는 것이다(〈그림 21〉 참조). 물리학에서의 가장 새로운 사상이다. 그럼 앞에서 얘기한 것 같이 관찰에 의한 교란 때문에 원리적으로 위치와 속도가 동시에 정확하게 측정되지 않는 경우 〈단념의 철학〉을 어떻게 쓰면 될까? 여기에 대한 하이젠베르크의 해답을 들어보자.

2. 위치와 속도를 생각하는 새 방식 〈불확정성 원리〉

더 이상 정확하게 알 수 없는 한계

관측 때문에 위치와 속도에 전혀 예상 못하는 변화가 생기는 것은 위치와 속도 자체에 원리적으로 더 이상 정확하게 알 수 없는 어떤 한계가 존재한다고 생각할 수 없을까? 하이젠베르크는 정확한 위치와 속도의 개념을 버리고 항상 어느 정도 정확성에 한계가 있는 위치와 속도를 생각했다. 그런 관점에서 위치에 수반하는 부정확의 정도, 속도에 수반하는 부정확의 정도 사이에 반비례의 관계가 있는 것을 발견하였다.

이 관계를 식으로 나타낸 것이 불확정성 원리이다. 그는 1925년에 다음과 같은 식을 발표하였다.

(위치의 불확정 범위) × (속도의 불확정 범위) ≧ 일정 값

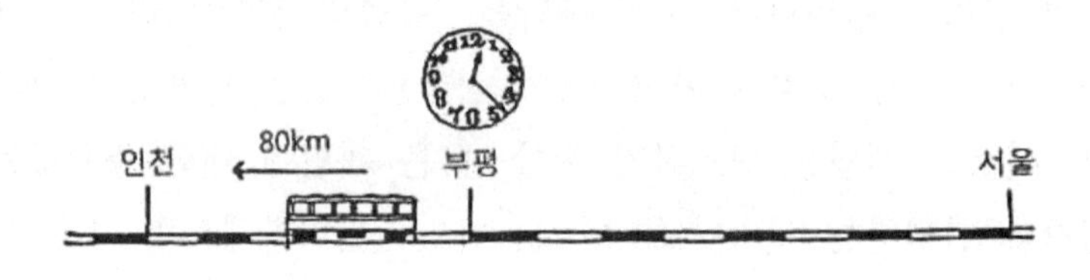

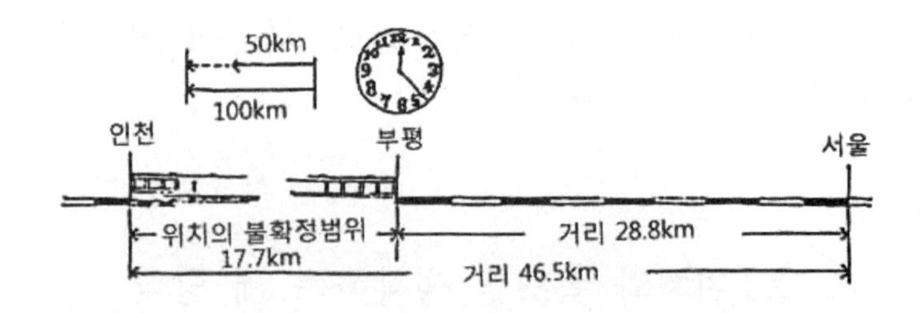

〈그림 22〉 불확정성 원리에 의한 위치와 속도. 우리의 감각 세계에서는 위의 기차와 같이 어디(위치)를 시속 몇 km(속도)로 달리고 있는가를 알 수 있다. 그러나 극미의 세계에서는 아래 기차처럼 어느 범위 사이를 어느 범위의 속도로 달리고 있을 것이라는 사실밖에 모른다

여기서 ≧의 기호는 둘이 같거나 왼쪽 값이 오른쪽 값보다 크다는 뜻이다. 이 식을 설명하기 전에 불확정이라는 말의 뜻을 좀 더 설명하겠다.

예를 들면, 서울역을 출발한 기차가 12시 30분에 부평과 인천 사이를 달리고 있는 것을 어떤 방법으로 알았다고 하자. 그러나 그 중간 지역의 어디를 달리고 있는가는 어떤 방법으로도 원리적으로 알 수 없다고 하자. 이런 경우에 위치의 불확정 범위는 부평과 인천 사이의 거리가 된다.

다음에 같은 시각에 부평-인천 사이에서의 기차의 속도가 시속 50㎞보다 빠르고 100㎞보다 느린 것은 알고 있으나, 그 이상 정확한 속도를 알 수 없다고 하자. 그런 경우에 속도의 불확정 범위는 50㎞(100㎞-50㎞)이다. 앞의 식은 이 두 가지 불확정의 범위의 곱이 어느 일정 값과 같거나 또는 그것보다 크다는 것을 나타내고 있다(〈그림 22〉 참조).

그러므로 이 기차의 예로 말하면 만약 기차의 위치가 주안(부평과 인천 사이에 있는 역)과 인천 사이라는 것은 알았다고 하면 위치의 불확정 범위는 그만큼 줄어든다. 따라서 그 줄어든 비율만큼 속도의 불확정 범위가 늘어난다. 불확정성 원리는 위치와 속도의 관측값에 이상과 같은 관계가 있는 것을 뜻한다(실제 달리고 있는 기차의 위치와 속도를 관찰한 경우, 물론 불확정의 범위가 이렇게 클 리 없다. 여기서는 얘기를 알기 쉽게 하려고 크게 잡았지만, 감각 세계의 불확정 범위는 전혀 문제가 되지 않을 만큼 작다).

왜 소립자는 파의 모습으로 나타날까?

앞에서 소립자가 갖는 파와 입자의 이중성이 모순되지 않는 것을 불확정성 원리로 설명할 수 있다고 했다. 다음에 전자를 예를 들어 설명하겠다. 파와 입자의 모습이 서로 받아들일 수 있는 것이라면 파와 입자의 이중성의 모순은 해결될 것이다.

한 개의 전자가 거의 정지해 있다고 하면, 현미경의 분리능에서 설명한 것 같이 조명광선의 파장이 짧을수록 물체의 위치를 정확하게 알 수 있다. 전자현미경으로 원자를 보기 위해 전자로 조명한다고 했는데, 파장을 전자만큼 작게 할 수 있으면 빛(광자)이라도 된다. 그러므로 전자의 궤도를 관측하기 위해 전자의 크기와 같은 짧은 파장의 빛을 일정한 시간 간격으로 전자에 조명하고 초고분리능 현미경으로 상(像)을 촬영한다고 하자. 물론 이런 현미경은 현재는 만들 수 없지만 원리적으로는 가능하다.

첫 번째 조명으로 광자는 전자의 위치에서 반사해서 되돌아오므로 전자의 위치를 전자의 크기만 한 정확성으로 알 수 있다. 즉, 관측한 위치의 불확정 범위가 전자의 크기 정도이다. 그런데 광자가 충돌한 전자 속도의 불확정 범위는 이미 위치의 불확정 범위를 알고 있으므로 불확정성 원리의 식으로 계산할 수 있다.

설명의 편의상 속도의 불확정 범위가 초속 0m(정지의 상태)에서 초속 100m의 범위 내, 즉 100m라고 하자. 그럼 조명한 1초 후에 전자는 어디에 존재할까?

우리가 알 수 있는 것은 첫 번째 조명 때 전자의 위치를 중심으로 전자는 반지름 100m의 원 안에 존재한다는 것뿐이다. 왜냐하면 전자의 속도는 0m일지도 모르며, 100m일지도 모르기 때문이다. 또 그 중간의 임의의 속도일지도 모른다. 또, 물리학에서 말하는 속도에는 이미 얘기한대로 방향도 포함되어 있으므로 어느 방향으로 진행하고 있는지도 모른다. 따라서 우리는 예를 들면 조명하고 1초 후에 전자가 그 원 안의 어디에 있는지는 원리적으로 미리 알 수 없다. 속도의 불확정이 1초 후의 전자의 위치를 불확정으로 하였다. 그러면 두 번째 조명을 처음 조명보다 1초 후에 비출 때 전자는 어떻게 보일까?

전자는 구름 덩어리를 만든다

두 번째의 조명으로 전자는 처음 위치를 중심으로 100m 원 안의 어느 점에서도 볼 수 있게 된다. 이것은 원 안에서 전자의 위치가 불확정인 것과 모순되는 것 같이 보이지만, 모순이 아니다.

원 안에서 전자의 위치가 불확정인 것은, 두 번째 조명으로 전자가 원 안의 어디서 볼 수 있는가를 원리적으로 미리 알 수 있는 방법이 없다는 것이다. 단지 미리 알 수 있는 것은 원 안의 어디든지 있을 가능성이 있다는 것뿐이다. 따라서 만약 두 번째 조명실험을 같은 조건(첫 번째 조명 뒤와 같은 상태)으로 몇 번이라도 되풀이할 수 있으면 각 실험마다 전자는 원 안의 다른 장소에서 볼 수 있다.

그래서 무한 번 실험해서 촬영한 사진을 겹치면 전자가 나타내는 점은 원 안에 일정하게 연속적으로 분포하여 원이 될 것이다. 두 번째의 조명을 하기 직전의 전자의 존재 범위는 그 원이라고 생각해야 한다. 그 이상 세밀한 것은 원리적으로 알 수 없기 때문이다.

이렇게 세 번째, 네 번째로 전자의 위치를 계속적으로 관측하면 결국 전자는 공간의 어느 큰 범위 안에 존재한다는 것밖에 알지 못한다. 이 공간의 큰 범위를 그림으로 표시하면 구름의 큰 덩어리처럼 보일 것이다. 지금까지는 관찰 전에 거의 정지하고 있는 전자를 생각했으나 만약 전자가 처음보다 고속으로 운동하고 있다고 하면 이 구름의 덩어리도 이동한다.

이상은 파장이 짧은 광자로 조명한 경우이다. 파장이 긴 광자로 조명하면 어떻게 될까?

이미 분리능에서 얘기한 것처럼 파장을 길게 하면 할수록 전자의 위치가 더욱 흐릿하게 보일 뿐이다. 그러므로 전자의 궤도를 보기 위해서는 소용이 없다. 요컨대 불확정성 원리에 의하면 전자의 운동은 예리한 궤도를 그리면서 날아가는 탄환과 같은 것이 아니고, 하늘에 뜬 구름 덩어리가 고속으로 날고 있는 것이다.

이렇게 불확정성 원리는 상식적인 입자의 개념을 아주 바꿔 놓았다. 상식적으로 입자의 운동은 작은 공에 비유된다. 그런데 불확정성 원리로 생각할 수 있는 입자의 운동은 기묘한 구름의 운동으로 비유된다. 이 불확정성 원리에 의한 입자의 모습은 탄환이나 공보다 오히려 예리한 궤도를 그리지 않고 공간으로 퍼져 나간다는 점에서는 파의 모습에 가깝다는 것을 알게 된다.

이렇게 해서 불확정성 원리에 의하여 소립자가 갖는 파와 입자라는 두 가지 상반하는 성질이 모순되지 않는 것이 증명된다.

한 개의 전자는 두 곳 이상의 장소에 동시에 존재한다

초고분리능 현미경으로 본 경우, '핵외전자의 궤도가 보이지 않는다'는 유령현상에 대해 불확정성 원리를 써서 설명하겠다. 초고분리능 현미경으로 본다는 것이 전자나 광자를 충돌시키게 되며, 보는 대상의 운동을 교란하는 것이라고 보았기 때문에 핵외전자의 궤도를 알 수 없게 된 것이 아닐까? 초고분리능 현미경으로 보지 않을 때는 핵외전자가 핵 주위에 궤도를 그리고 있는 것이 아닌가 생각된다. 그러나 이것은 틀린 생각이다.

그것은 다음과 같은 이유로 알 수 있다. 핵외전자는 핵이 가진 양전기로 항상 끌리면서 운동하고 있다. 핵외전자의 속도가 빨라지면 핵의 인력을 이기고 핵에서 멀리 날아가 버린다. 그때의 속도를 탈출속도라고 부른다. 핵외전자라는 것은 핵에서 멀어지는 속도가 탈출속도보다 작고 0보다도 큰 것을 뜻한다. 그런데 이 속도에 대해서 이 이상 정확한 것은 모른다. 따라서 0부터 탈출속도까지의 범위가 핵외전자 속도의 불확정 범위이다.

그렇게 하면 위치의 불확정 범위가 불확정성 원리로 구해진다. 그것을 계산하면 원자의 크기가 된다. 이것은 핵외전자의 존재범위가 원자의 내부 전체에 걸쳐 있는 것을 나타낸다. 이런 경우 이 원자의 크기는 앞에서 얘기한 구름 덩어리를 나타내는 크기에 해당한다.

그럼 한 개의 전자가 구름 덩어리 안에서 어떤 상태로 존재하고 있을까? 먼저 한 개의 전자가 구름 덩어리 가운데서 실은 궤도를 그리며 날아다니고 있으나 우리에게는 그것을 교란하지 않고 아는 방법이 없을 뿐이라고 생각해 보자. 그러면 간섭(干涉)의 실험에서 큰 모순에 부딪친다.

앞에서 얘기한 결정(結晶)에 전자파를 비추는 간섭실험을 다시 생각하자(Ⅲ-3. 극미 세계의 벽을 깬 전자현미경 참조). 지금 전자의 구름 덩어리가 결정의 표면에 부딪쳤다고 하자. 간섭현상은 한 개의 전자, 한 개의 광자라도 일어나는 것이 알려지고 있다. 그러므로 구름 덩어리 속을 날아다니고 있는 한 개의 전자가 간섭현상을 일으켜야 한다.

전자파의 간섭현상이 일어나기 위해서는 결정의 표면에서 하나의 광선이 적어도 결정 안의 두 개의 원자로 반사되어 두 개의 반사광선이 되고 그 반사광선이 다시 합쳐질 필요가 있다. 전자파 대신 구름 덩어리를 생각하면 구름 덩어리가 둘로 나눠

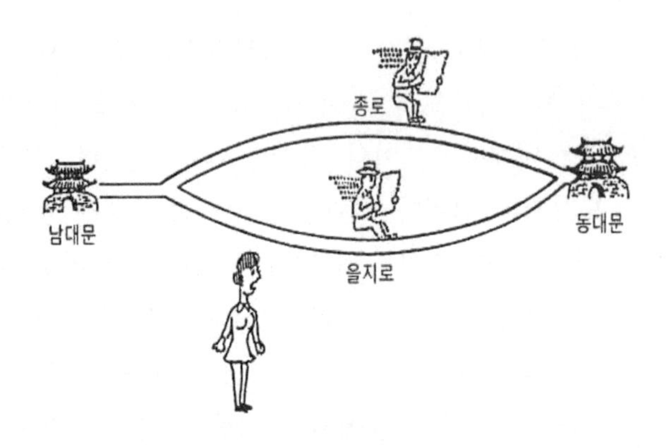

〈그림 23〉 인간이 전자라면 동시에 을지로와 종로를 지나 동대문으로 갈 수 있다

졌다가 다시 합쳐져야 한다. 그때 구름 덩어리 속의 전자는 어떻게 될까? 한 개의 전자가 절대로 둘로 분할되지는 않는다. 그러나 한 개의 전자가 간섭현상을 일으킨다는 것은 구름 덩어리가 둘로 나눠지는 것을 말한다. 그때 한 개의 전자는 두 개의 구름 덩어리 안에 동시에 존재해야 한다.

이 현상을 비유적인 예로 들면, 지금 어떤 사람이 남대문에서 동대문으로 가야 하는데 그는 을지로나 종로 중에 어느 한 쪽을 지나서 동대문까지 올 수 있다. 종로나 을지로 양쪽을 동시에 지나서 동대문까지 올 수는 없다. 그가 만약 전자라면 종로와 을지로 양쪽을 동시에 혼자서 통과해서 올 수 있다(다른 소립자라도 마찬가지 일이 일어난다). 어떻게 그럴 수 있을까?

전자의 구름의 덩어리가 서울 일대에 퍼져 있다고 하자. 또 그 구름의 덩어리 안에 전자가 어디든지 동시에 존재한다고 하자. 전자는 을지로의 버스 안에도 종로를 다니는 버스 안에도 동시에 존재할 수 있다. 그러나 만약 한 개의 전자가 두 곳에 동시에 존재하면 그것은 두 개의 전자가 존재하는 것과 같다고 강력하게 반대하는 사람이 있으리라 생각한다(〈그림 23〉 참조).

그런데 존재한다는 뜻을 조금 수정하면 이 모순에서 벗어날 수 있다. 물리학에서는 구름 덩어리 속의 전자의 존재에 대해서 다음과 같이 표현하고 있다(다른 소립자에서도 마찬가지이다).

「구름 덩어리 속에서는

한 개의 전자가 한 개의 입자로서

동시에 어디든지 부분적으로 존재하고 있다.

또 동시에 어떤 확률로 존재하고 있다」

한 개의 입자가 부분적으로 존재한다든가 또 어떤 확률로 두 곳 이상의 장소에 동시에 존재한다는 것은 상식적으로는 그 뜻을 생각할 수 없다. 요컨대 이 표현은 구름 덩어리 속에는 보통의 뜻에서 입자의 존재의 개념은 통용되지 않는다는 것을 말하고 있다. 핵외전자의 운동이 궤도를 그리지 않는 유령과 같은 운동인 것도 이해될 것이다.

야구공에도 파장이 있다

불확정성 원리를 좀 더 알아보자. 얘기를 쉽게 하기 위해서 위치와 속도를 동시에 정확하게 측정할 수 없다고 말했지만, 더욱 옳은 표현은 위치와 운동량이다. 운동량이란 입자의 질량과 속도의 곱을 말한다. 입자의 운동량이 클수록 그 에너지도 커진다.

소립자의 운동에 불확정성 원리가 중대한 영향을 미치는 경우는 그 소립자의 운동량이 작은 경우이다. 그 이유는 운동량이 큰 경우는 운동량의 불확정이 있어도 그 소립자의 운동량에 대한 불확정의 비율이 낮으므로 불확정의 영향은 거의 문제가 되지 않는다. 그것은 다음과 같이 생각할 수도 있다. 소립자의 위치를 측정할 때는 운동량이 큰 것일수록 적게 교란된다.

또 운동량이 크면 그 소립자의 파장이 짧아지고 파로서의 성질을 검출하기 어렵게 한다. 요컨대 운동량이 큰 소립자는 불확정의 영향이 작아지고 또 파동성이 약하므로 입자성이 강하다. 상식적으로 생각할 수 있는 입자의 성질이 뚜렷해진다. 알기 쉽게 말하면 날고 있는 야구공을 관찰할 때 빛을 받아도 교란되지 않고, 또 파동선이 나타나지 않는 이유는 그 운동량이 대단히 크고 파장이 매우 짧기 때문이다. 날고 있는 야구공의 파장은 원자핵 지름의 약 10억 분의 1의 1억 분의 1이다.

이상의 설명에서 감각 세계의 상식을 극미의 세계로 가져왔기 때문에 일어난 잘못의 원인을 확실히 알 수 있었을 것이다. 소립자는 작을 뿐 아니라, 그 질량이 매우 가볍다. 가벼운 입자는 원자 안에서는 극히 작은 운동량밖에 갖지 못한다. 이 극히 작은 운동량의 소립자에 탄환과 야구공처럼 감각으로 느낄 만큼 큰 운동량을 가진 물체의 운동법칙을 적용하려는 것이 잘못의 원인인 것이다.

3. 자연의 안정을 유지하는 것 〈플랑크 상수〉

완전한 독창성을 지닌 h

불확정성 원리에 대해서는 자세히 알아봤으나, 불확정성 원리의 진짜 재미는 이제부터이다. 왜냐하면 불확정성 원리가 자연의 본질에 관한 문제를 내포하고 있다는 것은 아직 얘기하지 않았기 때문이다. 불확정성 원리의 존재는 교묘한 조물주의 재주이기도 하다. 이것을 알아보는 것이 지금까지 불확정성 원리에 대해 자세히 설명해 온 진짜 목적이다. 먼저 얘기한 불확정성 원리의 식은 설명의 편의상 간단하게 쓴 것이다. 정식(正式)으로 쓰면 다음과 같다.

(위치의 불확정 범위)×(운동량의 불확정 범위) ≧ 플랑크 상수

이 식에 있는 플랑크 상수란, 작용양자 또는 단순히 양자(Quantum)라고 불리고 보통 h로 표기한다.

극미의 세계에서는 뉴턴의 역학이 성립하지 않는다. 그 대신 뉴턴의 역학을 불확정성 원리의 조건을 만족시키도록 수정한 양자역학이라고 불리는 역학이 사용되고 있다. 그 양자역학에는 이 플랑크 상수가 자주 사용된다.

플랑크 상수는 어떤 것일까? 만약 플랑크 상수의 값이 0이 되면 불확정성 원리의 식에 적용하면 알 수 있는 것처럼 위치와 운동량의 불확정 범위도 0이 된다. 이것은 위치와 운동량을 동시에 아주 정밀하게 측정할 수 있다는 것을 뜻한다. 그렇게 되면 입자와 파의 이중성도 없어지고 입자는 입자, 파는 파로서만 존재하게 된다. 그리고 양자역학은 뉴턴역학으로 환원된

다. 지금까지 길게 설명해 온 것이 꿈처럼 사라지고 극미의 세계는 우리가 일상생활에서 경험하는 감각 세계의 단순한 축소판이 될 것이다.

이렇게 플랑크 상수야말로 기괴한 불확정 현상을 일으키는 진범(眞犯)이다. 플랑크 상수의 물리학적 의미를 이렇게 생각할 수 있다. 자연은 입자의 위치를 나타내는 길이(어떤 점에서 입자까지의 거리)라는 양(量)과, 같은 입자의 운동 상태를 나타내는 운동량이라는 양에 하나의 제한을 준 것이다. 그 제한은 우리가 그 유례를 어디서도 찾아볼 수 없었던 완전히 독창적인 것이다. 즉, 자연은 두 개 양의 각각에는 아무런 제한을 하지 않고 두 개의 양의 곱이 어떤 값 이하가 되는 것만을 금지한 것이다. 그 어떤 값이 플랑크 상수이다.

발표되자 아무도 이해하지 못한 플랑크의 큰 발견

이 자연의 독창적인 구조를 찾아낸 사람이 이 상수에 이름이 붙은 유명한 독일의 플랑크(Max Planck, 1858~1947)였다.

1900년 이 발견이 발표될 즈음, 물리학자들의 관심의 초점은 흑체 복사였다. 흑체 복사에 대한 문제란 쉽게 말하면, 물체를 가열했을 때 방출되는 빛의 파장에 관한 것이다.

일상생활에서 누구나 경험하듯, 물체를 가열하면 붉은 빛으로 보인다. 물체의 온도가 올라감에 따라 물체에서 나오는 빛은 빨강, 노랑을 거쳐서 파랑, 보라색으로 바뀐다. 이 현상은 물리학적으로 고온의 물체에서 나오는 빛의 파장이 온도가 올라감에 따라 짧아지는 현상이다. 상세한 설명은 생략하지만 물리학자는 이 빛의 파장과 온도의 관계에 관한 실험의 결과를 이론적으로 잘 설명할 수 없었다.

그런데 플랑크는 그 무렵의 이론에 한 가정을 삽입하면 실험 결과와 꼭 일치하는 식을 유도할 수 있다는 것을 발견하였다. 그 가정이란 이론 속에 어떤 정수(定數)(이것이 나중에 플랑크 상수라고 불리게 되었다)를 도입하는 것이다. 그는 그것을 1900년 1월 19일 베를린에서 열린 독일 물리학회에서 발표하였다.

그즈음 마침 흑체 복사의 실험을 하고 있던 루벤스(Heinrich Rubens, 1865~1922)는 실험값과 플랑크의 식을 매우 주의 깊게 비교해 보았다. 그 두 가지는 완전히 일치했다. 루벤스는 흥분하여 이튿날 아침 플랑크를 방문하였다.

그는 플랑크에게 이론식과 실험값이 잘 일치하는 것은 단순한 우연의 일치가 아니고, 그 이론식에는 무엇인가 기초적인 진리가 포함되고 있는 것 같다는 생각을 말했다. 루벤스의 강한 확신에 용기를 얻어 플랑크는 그 후 두 달 동안 이 정수의 물리학적 이론을 확정하는 데 큰 노력을 기울였다.

그 해 12월 14일, 플랑크는 그것에 관한 논문을 물리학회에 제출하였다. 이 논문이 플랑크 상수의 존재를 처음으로 밝힌 역사적인 것이었다. 이 역사적 발견의 발표에 당시의 물리학자들이 큰 충격과 흥분을 받았으리라. 그러나 사실은 반대였다. 플랑크의 발견은 발표된 후 4년간이나 거의 누구의 관심도 끌지 못했다. 당시 물리학의 상식으로 보아 너무도 허황된 것이었기 때문이다.

4년 후인 1905년에 아인슈타인이 플랑크 상수를 써서 앞에서 얘기한 광양자설을 발표하였다. 아인슈타인의 광양자설은 한 개의 광자가 갖는 에너지는 플랑크 상수와 빛의 진동수의 곱이라는 것이었다. 이것으로 플랑크 상수의 가치가 비로소 학계에 인정되었다.

종래에는 물리학상의 이론적인 발견은 20대에 이루어진다는 것이 정설이었다. 그러나 플랑크는 이 정설을 뒤엎었다. 그는 그때 베를린대학 교수로서 마흔한 살이었다. 그리고 학위를 따고나서 이미 21년이 지난 뒤였다.

아인슈타인의 광양자설이 발표되고 나서 약 20년이 지난 1923년에 드브로이가 플랑크 상수를 써서 물질파의 이론을 발표하였다. 그의 이론에 의하면 물질파의 파장은 플랑크 상수를 운동량으로 나눈 값과 같았다. 그리고 1925년에 하이젠베르크가 역시 플랑크 상수를 써서 불확정성 원리를 발표하였다.

여기에 재미있는 얘깃거리가 있다. 광양자설에 플랑크 상수를 쓴 아인슈타인이 같은 플랑크 상수를 쓴 불확정성 원리의 생각에 가장 강력하게 반대했다는 것이다. 아인슈타인은 지식보다도 상상력 쪽이 값지다고 말하면서 우리의 상식뿐만 아니고 공리(公理)조차도 바뀐다는 것을 몸소 보인 사람이었다. 아인슈타인은 불확정의 개념을 강력히 반대하고, 어느 땐가 그 잘못이 수정될 날이 온다고 죽음의 순간까지 믿었다.

별도 지구도 사람도 플랑크 상수 덕분에 존재한다

플랑크 상수의 존재에는 어떤 뜻이 있을까? 오늘날 플랑크 상수를 떠나서는 양자역학, 원자물리학, 소립자론, 물성론, 물리화학조차 존재할 수 없을 정도로 중요한 존재이다. 그러나 물리학자들은 이 중요한 플랑크 상수가 존재하는 필연성을 증명할 수 없다. 바꿔 말하면, 플랑크 상수가 왜 존재해야 하는지를 증명할 수 없다.

단지 말할 수 있는 것은 만약 플랑크 상수가 존재하지 않으면 이 우주는 현재의 우주와는 전혀 다를 것이라는 것뿐이다. 그것은 별도 태양도 지구도 사람도 존재하지 못한다는 것이다. 만약 플랑크 상수가 존재하지 않으면 원자가 존재하지 못한다는 것을 증명하는 것만으로 충분할 것이다.

원자 안에는 핵외전자가 날아다니고 있다. 왜냐하면 일직선으로 날면 전자는 원자 밖으로 튀어나가기 때문이다. 그 때문에 핵외전자는 원자의 범위 안에서 항상 방향을 바꾸면서 운동하고 있다. 그런데 물리학에서는 속도를 바꾸면서 운동하는 경우만이 아니고 속도는 같고 방향만을 바꾸면서 운동하는 경우도 가속도운동이라고 한다. 그러므로 핵외전자는 가속도운동을 하고 있다.

그런데 1861년 영국의 맥스웰(James Clerk Maxwell, 1831~1879)이 발견한 전자기장 방정식에 의하면 가속도운동을 하는 전자는 전자파를 방출한다. 예를 들면 전자를 안테나 안에서 왕복운동을 시키면 안테나에서 전자파, 즉 우리가 전파라고 하는 것이 발사된다. 이것이 전파발생 방법의 원리이다. 그리고 현재까지 알려진 모든 전자기현상으로 이 이론이 옳다는 것이 실증되었다. 그리고 맥스웰의 전자기장 방정식은 현대물리학의 가장 중요한 방정식 가운데 하나이다.

맥스웰의 전자기장 방정식에 따르면 핵외전자는 연속적으로 전자파를 방출하고 있다. 전자파는 에너지이므로 핵외전자는 에너지를 상실하게 된다. 에너지를 상실한 전자는 그 운동속도가 늦어진다. 만약 어느 정도 이상으로 늦어지면 원자핵이 가지고

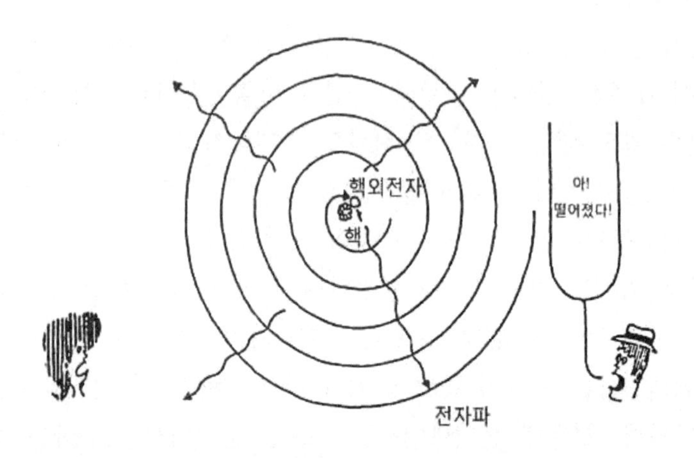

〈그림 24〉 플랑크 상수가 0이었다면 (−)원자핵의 주위를 날아다니는 전자는 1억 분의 1초 이내로 핵 속에 들어간다. 따라서 원자는 존재하지 못한다. 지구도 태양도 사람도 존재하지 못한다

있는 전기적 인력에 져서 원자핵 안에 떨어져 버릴 것이다.

맥스웰의 전자기장 방정식을 써서 이론적 계산을 하면 핵외전자는 전자파를 방출하고 1억 분의 1초 이내에 핵에 떨어져버린다. 이것은 이미 원자가 아니라는 것이다. 즉, 원자의 수명(존재하는 시간)은 1억 분의 1초 이하라는 것이다. 실제로 원자의 수명이 이렇게 단명(短命)인 불꽃같은 것이라면 현재와 같은 원자도 분자도 존재하지 못한다(〈그림 24〉 참조). 따라서 별도 태양도 지구도, 물론 사람도 만들어지지 않았을 것이 분명하다. 그럼 왜 핵외전자는 핵 안으로 떨어지지 않을까? 그 수수께끼를 풀 수 있는 것이 플랑크 상수이다. 플랑크 상수가 존재함으로써 우주에는 불확정성 원리로 나타낼 수 있는 성질이 있고,

전자가 핵에 떨어지지 않는다. 그 이유를 다음에 설명하겠다.

유카와 박사만이 껄껄 웃은 〈일부다처제〉

가령, 핵 안에 전자가 떨어졌다고 생각해 보자. 핵 안에 존재하는 전자는 어느 값 이상으로 큰 운동량을 갖고 있으면 핵의 전기적 인력에 이겨서 핵 밖으로 튀어나가 버린다. 이것은 라듐 등의 방사성 원소가 베타선을 방출하고 있는 것으로 분명하다. 베타선은 핵의 전기적 인력보다 우세한 운동량을 가진 전자이다. 그러므로 핵 안으로 떨어지는 전자는 그 운동량이 어느 값 이하가 아니면 안 된다. 바꿔 말하면, 전자가 핵 안에 존재할 수 있으려면 그 운동량의 불확정 범위는 0보다 크고 어느 값보다 작아야 한다. 또 전자는 핵 안에 존재하므로 그 위치의 불확정 범위는 핵의 크기가 된다.

이 핵외전자의 운동량의 불확정 범위와 이 위치의 불확정 범위의 곱을 계산해 보자. 그러면 그 값은 플랑크 상수보다도 훨씬 작아져 버린다. 이것을 식으로 나타내면 다음과 같다.

(핵 내 전자의 운동량의 불확정 범위)×
(위치의 불확정 범위) < 플랑크 상수

이 결과는 불확정성 원리에 상반되므로 핵외전자가 핵 안에 갇히는 일은 결코 일어나지 않게 된다. 따라서 핵외전자는 가속도운동에 의해서 전자파를 방출해도 핵에 떨어지지 않는 채로 자신이 방출한 전자파를 곧 스스로 흡수해 버린다고 생각된다. 그 때문에 외관상으로는 방사선이 방출되지 않는다. 이 얘기는 플랑크 상수가 원자의 존재의 안정을 보증하고, 따라서

〈그림 25〉 자연의 방식을 사람이 사는 사회에 작용하면 아이가 싫은 사람은 부인을 몇 사람이라도 가질 수 있다

자연의 안정을 유지하는 어떤 것임을 나타낸다.

플랑크 상수는 대단히 작은 값인데, 6.625×10^{-27}에르그(erg)×초(秒)라는 숫자로 표시된다[에르그(erg)란 물리학에서 사용하는 에너지의 단위, 1에르그=6×10^{11}전자볼트]. 만약 플랑크 상수의 값이 이것보다 크거나 작아도 자연은 매우 다른 모습이 되었을 것이다. 만약 어디선가 플랑크 상수의 값이 틀린, 즉 모습이 틀린 자연(우주)이 우리가 사는 우주와는 달리 존재할지 모른다.

이렇게 플랑크 상수의 존재는 조물주가 두 가지 물리량(여기서는 위치와 운동량)의 곱의 크기에 최솟값을 부여함으로써 자연을 제어하고 있다는 것을 나타내는 것이다. 그럼 인간 사회의 법률에 이 자연이 행하는 교묘한 조화를 응용하면 어떻게 될까? 여기에 관련된 재미있는 얘기가 있다(〈그림 25〉 참조).

몇 해 전에 어떤 모임에 유카와 히데키(1907~1981, 1949년 노벨물리학 수상자) 박사 부부가 초대된 자리에 필자도 참석한 일이 있었다.

모임은 부드러운 분위기 속에서 동반한 부인과 자기를 소개하기로 되었는데, 내 차례가 왔을 때 소립자이론의 대가를 앞에 두고, 갑자기 플랑크 상수에 관련된 재미난 생각이 떠올라서 이야기가 딴 데로 흘렀다.

「저는 지금 큰 발견을 하였습니다. 자연의 법칙은 자연의 완전한 자유에 대한 제한입니다. 마찬가지로 인간사회의 법률도 인간의 완전한 자유에 대한 제한인 것입니다. 그러나 일부일처로 제한하는 것을 어떻게 생각하십니까?

자연에는 2개의 물리량의 곱의 크기에 대한 제한이 있습니다. 이 자연법칙을 실제 우리 사회의 현재의 결혼제도에 응용한다면 어떻게 될까요? 아주 희한한 일이 생깁니다. 예를 들어 일부일처 대신에 부인의 수와 어린이의 수의 곱에 대해서 제한을 한다고 합시다. 가령 제한수를 6이라고 합시다. 그러면 최대한 부인 한 사람과 어린이 여섯, 또 부인 두 사람과 아이 셋, 또는 부인 셋과 어린이 둘, 부인 여섯과 어린이 하나를 갖는 것이 허용됩니다. 그리고 이 자연의 제도를 응용한 제한이 우스운 점은 결혼 목적이 향락이라고 생각하는 사람은 어린이를 낳지 않으면 무한대 수의 부인을 가질 수 있습니다(6을 무한대로 나누면 0). 또 결혼 목적이 종족보존이라고 생각하는 사람은 무한대수의 어린이를 갖는 것이 허용됩니다. 요컨대 한 제도가 향락과 종족보존이라는 상반되는 목적으로 사용되는 것입니다」

주빈인 유카와 박사는 껄껄 웃음을 터뜨렸다. 그러나 나의 이러한 유머도 플랑크의 큰 발견처럼 다른 사람들은 이해하지 못했고, 반대로 위험한 생각을 가진 사람이라고 낙인찍히고 말았다.

IV. 우주의 수수께끼를 푸는 소립자의 활약

1. 별은 영원히 빛나는가?

우주는 소립자에서 시작했다

지금까지 물질 속의 소립자의 불가사의한 성질에 대해 얘기해 왔다. 여기서는 그 지식을 바탕으로 우주공간에서의 소립자의 활약에 대해 알아보겠다. 우리가 생각할 수 있는 가장 작은 물질인 소립자는 거대한 우주 안에서 갖가지 활약을 하고 있다.

우주에서는 어떤 소립자가 활약하고 있을까? 먼저 양성자와 전자의 대부분은 수소원자를 형성하고 있다. 그 수소원자의 약 절반은 별을 만들고, 나머지 반은 광대한 우주공간에 산재하고 있다. 후자를 성간물질(Interstellar Matter)이라고 부른다. 성간물질은 원자 그대로의 모습으로 존재하는 것과 분자의 모습으로 존재하는 것이 있다. 그 밖에 별이나 성간물질 속에는 수소원자보다도 무거운 원자(탄소, 산소, 철 등)도 조금 있다. 그 원자핵에는 수소원자와 달리 중성자가 포함되어 있다.

소립자 가운데는 이렇게 원자나 분자를 만들 뿐만 아니라 단독으로 활약하고 있는 것이 있다. 그것은 빛, 즉 광자와 우주선(Cosmic Ray)이다. 우주선이란 고속으로 우주공간을 날아다니는 양성자를 말한다. 그 밖에 또 하나 단독으로 날아다니고 있는 특수한 소립자가 있다. 그것은 중성미자(Neutrino)라는 소립자로서 괴상한 성질을 가진 것이다. 보통 중성자는 단독으로는 거의 존재하지 못한다. 그것은 곧 양성자와 전자 중성미자로 붕괴된다.

이상이 우주공간에서 소립자의 활약 상태이다. 따라서 우주는 별과 성간물질과 그들 사이를 날아다니는 빛, 우주선, 중성미자로 가득 차 있다고 할 수 있다. 이것들은 서로 밀접한 관계를 가지며 초거대 규모로 불가사의한 현상을 전개하고 있다.

먼저 우주에서 소립자의 활약을 우주의 탄생부터 순차적으로 좇아보자. 앞에서 우주의 팽창에 대해 얘기했다. 이 현상에서 유도된 허블-휴메이슨의 방정식으로 계산하면 우주의 팽창 개시가 약 50억 년 전이라는 것은 이미 얘기한 대로이다. 즉, 우주의 나이는 50억 년이라 했다. 그럼 그 이전의 우주는 어떤 상태였을까? 실은 50억 년 전의 우주의 모습은 과학의 힘으로 알 수 없는 검은 장막에 가려 있다. 여기에 대해서 미국의 물리학자 가모프 교수(George Gamow, 1904~1968)는 50억 년 전에 우주가 수축의 극점(極點)에 있었을 때, 우주의 물질은 초고온 상태였기 때문이라고 설명했다. 우주에는 원자는 존재하지 않았고 단지 초고에너지, 초고밀도 소립자의 소용돌이만이 있었다고 생각된다. 그 때문에 탄생 이전의 우주의 모습을 얘기해 주는 일체의 증거물은 초고온으로 타버렸다는 것이다.

그럼 우주의 수축은 왜 생겼을까? 그것은 잘 모른다. 우주가 수축을 시작하자 마치 기체가 압축되면 온도가 올라가듯이 우주도 수축에 의해 더욱 고온 상태가 되었다고 추정된다. 그리고 아주 온도가 높아지자 원자끼리의 심한 충돌 때문에, 원자도 원자핵도 분해되어 원자를 구성하고 있던 소립자만으로 되어버렸다고 추정된다.

납보다 무거운 수소기체의 형성

초고에너지를 가진 초고밀도의 소립자가 소용돌이치는 도가니에서 어떤 과정을 거쳐 현재의 우주가 생겼을까? 여기에 관해서는 아무도 분명하게 말하지 못한다. 그러나 현재의 천문학 및 물리학 지식으로 판단하면 대략 다음과 같이 생각할 수 있다.

지금부터 약 50억 년 전, 소립자가 소용돌이치는 도가니는 갑작스럽게 팽창을 시작했다. 그 굉장함은 말로 나타낼 수 없으나 억지로 비교하면 수소폭탄의 폭발과 비슷하다고 가정할 수 있다. 그리고 안에 있던 소립자는 상상할 수도 없는 초거대의 운동에너지를 갖고 흩어졌다고 추측된다. 그런데 왜 폭발을 시작했을까? 그 이유는 잘 모른다. 소립자의 성질과 무슨 관계가 있다고 상상한 물리학자도 있었다. 아무튼, 우주의 부피는 갑자기 커지기 시작했다. 날아가 흩어진 소립자가 갖는 거대한 에너지는 우주의 부피를 팽창시키는 데 소비되었다. 그리고 그만큼 높았던 우주 온도는 에너지 소비 때문에 갑자기 냉각돼 갔다.

팽창 개시 약 30분 뒤의 비교적 냉각된 우주에는 빛 외에 두 종류의 소립자가 소용돌이치고 있었다. 즉, 양성자와 전자였다. 우주에서 소용돌이치던 전자와 양성자는 전기적 인력으로 서로 끌어당겨 질량이 가벼운 전자가 무거운 양성자 주위를 날아다니기 시작했다. 즉, 전자는 양성자에 속박된 상태가 되었다. 그래서 수소원자가 만들어졌다. 이렇게 첫 번째 원자*가 생기고 다시 우주가 냉각됨에 따라 수소원자가 두 개 결합하여 수소분자가 생겼다.

이 수소원자의 수소분자들은 혼합 상태에서 기체상으로 존재하고 있었다. 이 기체가 아주 균일하게 우주에 분포되는 것은

---

*우주에서 92종류의 원자가 존재하고 있는 주요한 곳은 지구처럼 항성의 온도보다 훨씬 낮은 행성이나 나중에 설명하는 말기 시대의 별의 내부뿐이다.

일어나기 어려운 일이다. 불균일하게 분포될 가능성이 많다. 예를 들면, 쌀을 한 줌 쥐고 쟁반에 뿌려보자. 낱알이 아주 균일하게 뿌려지는 일은 절대로 없다. 이것과 같은 이치로 수소기체도 불균일 분포가 생긴다. 한번 불균일 분포가 생기면 수소원자 간에 작용하는 만유인력은 이 경향이 한층 심해진다. 조금 밀도가 높은 수소기체의 구름은 그 만유인력으로 주위에 존재하는 수소원자를 차례차례 끌어당긴다. 그리고 그 밀도를 높여간다. 이렇게 해서 밀도가 높은 수소기체의 덩어리가 우주공간의 군데군데에 형성되어갔다.

이 수소기체 덩어리의 형성단계는 별이 탄생하기 직전이다. 이 수소기체의 덩어리는 자신의 만유인력으로 그 부피를 수축해간다. 그 결과, 덩어리 중심부는 드디어 기체이면서 납보다도 밀도가 높아지고, 동시에 거기서 온도가 상승해서 1000만 도 이상의 고온이 된다. 기체는 압축되면 온도가 상승하는 성질을 갖고 있기 때문이다.

수소기체의 핵융합반응으로 별이 탄생했다

이런 고온에서 수소원자는 고속도로 운동한다. 수소원자끼리의 고속운동으로 일어나는 충돌은 복잡한 중간현상을 거쳐 결과적으로는 4개의 수소원자핵을 한 개의 핵으로 합성(융합)하여 헬륨(Helium: He) 원자핵을 만드는 현상을 일으킨다. 이 반응을 핵융합반응이라 부른다. 이때 거대한 에너지가 방출된다(〈그림 26〉 참조). 핵융합반응으로 방출되는 에너지의 크기는 화학반응으로 발생하는 에너지의 1000만 배가 된다. 수소폭탄은 이 핵융합반응이 급속히 폭발적으로 일어나도록 꾸민 것이다.

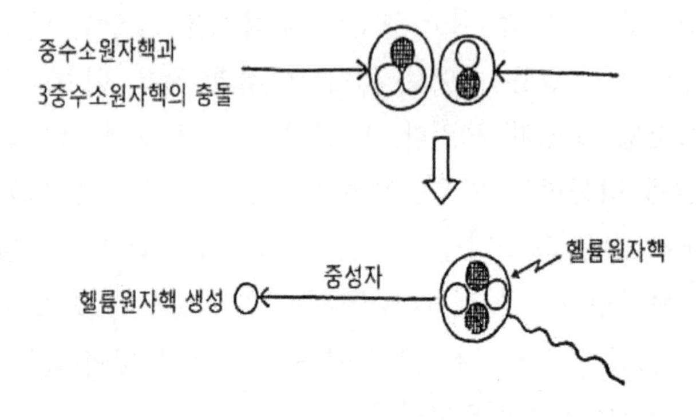

〈그림 26〉 핵융합반응의 보기. 양성자끼리의 충돌에서 중수소, 3중수소라고 불리는 원자의 원자핵이 태어난다. 이어 그 원자핵끼리 충돌해서 헬륨의 원자핵이 생기는 것이 핵융합반응이다. 이때 거대한 에너지가 방출된다

수소기체 덩어리의 중심부분에서 이런 핵융합반응이 일어나기 시작하면 수소기체 덩어리는 비로소 빛을 내고 별로서의 생명을 가지게 되며 별로서 우주공간의 한 점에 탄생한다. 이렇게 해서 현재의 우주가 생긴 것이다.

그런데 핵융합에 의해서 별이 빛난다고 생각하게 된 것은 극히 최근의 일이다.

19세기 독일 물리학자 헬름홀츠(Hermann Helmholtz, 1821~1894)와 영국의 켈빈(Lord Kelvin, 본명은 William Thomson, 1824~1907)은 만유인력으로 수소기체 덩어리가 수축할 때에 발생하는 열에너지가 태양이 빛나는 에너지의 원천이라고 생각했다. 그런데 그 이론에 의하면, 태양은 2000만 년밖에 빛나지 못

하는 계산이 되어 우주의 연령으로 생각하면 아주 이상해진다.

별이나 태양이 50억 년이나 빛나고, 조금도 늙지 않는 불로 장수의 비밀은 오랫동안 수수께끼였다. 그 원인이 핵융합반응 때문인 것으로 밝혀진 것은 극히 최근의 일이다.

핵융합반응으로 발생하는 에너지는 화학반응이나 만유인력으로 발생하는 에너지보다도 훨씬 크고, 그 에너지가 별의 내부에서 서서히 발생하고 있으므로 별은 오래 살 수 있는 것이다.

태양의 표면온도를 태양광선의 스펙트럼(Spectrum, 빛을 분광장치로 파장의 길이의 순으로 분산시킨 것)에서 추정하면 약 6,000도가 된다. 이 표면온도를 기초로 해서 이론적으로 중심부분의 온도를 계산하면 약 1900만 도에 달하는 고온이라고 추정된다. 대부분의 별의 중심온도도 이 정도라고 생각된다. 이 온도는 핵융합반응이 일어나기에 충분한 온도이다. 그래서 태양이나 다른 별의 에너지원이 핵융합반응에 의한 것으로 생각할 수 있다. 이 수소원자가 헬륨원자로 되는 핵융합반응에서 나오는 에너지의 일부분은 빛으로 방출된다. 그 방출된 빛은 가시광선이 아니고 그것보다 훨씬 파장이 짧은(광자의 에너지가 큰) X선이다. X선은 가시광선보다도 물질투과력이 훨씬 강하다. 빛이 물질을 투과한다는 것은 물질 속으로 통과하는 빛이 물질 속의 원자 및 분자에 흡수되지 않고 그 물질을 꿰뚫는다는 것이다. 원자 및 분자는 그 종류에 따라 어떤 파장의 빛은 잘 흡수하지만, 다른 파장의 빛은 흡수하지 않는다는 성질의 차이가 있다. 즉, 원자 및 분자는 파장의 크기에 의해서 빛을 선택하여 흡수한다. X선의 파장은 수소원자에 조금밖에 흡수되지 않는 크기이다. 그래서 X선은 수소기체 중에서의 투과력이 강하다.

그런데 태양을 예로 들면 투과력이 강한 X선이 그 중심에서 표면에 도달하기까지 실로 100만 년이라는 긴 세월을 요한다. 그 까닭은 X선이 도중에서 몇 번이나 수소원자와 충돌을 되풀이하여 조금씩 그 에너지를 잃어가면서 지그재그 행진을 하기 때문이다. 그리고 고(高)에너지였던 X선은 태양표면에 다다랐을 때는 도중에서 에너지를 소모하여 에너지가 낮은, 즉 파장이 긴 가시광선이 된다. 또 태양 표면의 고온에 가열된 수소기체 및 소량으로 존재하는 수소기체보다 무거운 원자로부터도 다량의 빛이 방출되고 있다. 이 빛들은 대개 가시광선이다.

우리가 보는 태양의 빛과 밤하늘에 보이는 별빛은 이렇게 해서 발사되고 있다.

매초 약 6억 6000만 톤의 수소를 태우는 태양

태양이나 별의 수명은 대략 얼마쯤일까? 태양의 질량은 약 2조의 1000조 배 톤(2×10^{27}톤)으로 현재 매초 약 6억 6000만 톤의 수소를 헬륨에 융합시켜가면서 계속 타고 있다. 태양이 앞으로도 계속 현재와 같은 속도로 수소를 태운다면 아직도 500억 년 동안은 탈 수 있다는 계산이 나온다. 망원경으로 보이는 범위 안에 존재하는 1조의 1000억 배 개의 별도 태양과 같은 방법으로 타고 있다. 그러므로 별도 각각의 크기에 따라 그 수명이 계산된다. 그러나 태양이나 별의 생애는 실은 그렇게 단순하게 생각할 수 없다. 그 까닭을 다음에 얘기하겠다.

태양이나 별은 가지고 있는 전 수소의 약 15%를 소비해버릴 때까지는 지금까지처럼 정상적으로 계속 탄다. 그러나 그 이후는 어떤 변화가 일어난다. 그때쯤 되면 수소의 소비율(消費率)이

〈그림 27〉 별에도 여러 가지 운명이 있고 죽는 법도 가지가지이다

급속히 증가하기 시작하고, 그 때문에 온도가 급상승하므로 원래 모습의 50배에서 100배로 부풀어 올라서 적색으로 빛나는 적색거성(Red Giants)이라 불리는 별이 된다. 이런 상태로 전체 수소의 약 60%까지 소비해 버리면, 이번에는 온도가 내려가고 내부의 압력이 감소하기 시작하여 그 때문에 만유인력에 의한 완만한 수축이 일어나기 시작한다. 수축이 계속되면 별의 부피는 더욱 작아지고 온도가 올라가서 백색으로 빛나는 백색왜성(white dwarfs)이라 불리는 작은 별이 된다. 그리고 나머지 수소를 소비해 버리면 끝내는 빛나지 않고 차가운, 1㎤가 1톤에서 100톤이나 되는 밀도가 매우 높은 흑색왜성(black dwarfs)으로 된다. 별이 그런 상태가 되면 망원경의 시야에서 사라져 버린다.

모든 별이 이렇게 얌전히 죽어가는 것은 아니다. 죽음을 앞두고 그 운명에 반항하는 듯 우주에 큰 이변을 일으키는 별이 있다. 이 우주에서 볼 수 있는 별의 갑작스런 큰 이변을 신성(Nova) 또는 초신성(Supernova)의 폭발이라 부른다. 이 이변이란 며칠 전까지 다른 별과 구별되지 않던 보통 별이 갑자기 밝아져서 이전 밝기의 몇 십만 배가 되는 현상이다. 이것이 신성의 폭발이다. 초신성의 폭발은 더욱 극적이며 신성의 폭발의 몇천 배나 밝다. 신성과 초신성의 겉보기의 차이는 폭발 규모의 대소이다. 폭발의 원인은 조금 다른 것 같다(〈그림 27〉 참조).

과거의 기록에 의하면 현재까지 여섯 번의 초신성의 출현이 있었다. 그것은 모두 은하계 안에 나타난 초신성이었으며 그밖에 관측하지 못한 것, 기록되지 않은 것도 있을 것으로 추정된다. 이것을 셈에 넣으면 초신성 폭발의 빈도는 은하계에서는 50년에 한 번쯤인 것으로 추정된다.

중국 천문학자의 기록에 따르면 1054년 7월 4일 특별하게 큰 초신성의 폭발을 볼 수 있었다고 되어 있다. 그것은 금성보다도 밝게 보여 낮 하늘에 빛나는 것을 볼 수 있었다고 쓰여 있다.

근대적인 관측을 하게 되면서 은하계 밖의 성운 안에는 과거 75년 동안에 50번의 초신성의 폭발이 관측되었다. 그 초신성들은 가장 밝게 보일 때에는 그 별이 속하는 성운전체의 밝기와 같을 정도로 보였다.

70억 년 뒤에는 별도 태양도 다 타버린다

초신성의 폭발은 두 가지 유형 즉, 오래된 별과 새로운 별로 나누어볼 수 있다. 우주탄생 뒤에도 조금씩 별이 만들어졌다. 그래서 그런 별을 새로운 별이라 부르고 이전부터 있던 별은 늙은 별이라 불러 구별한다.

먼저 늙은 별인 경우에 일어나는 초신성의 폭발에 대해서 알아보자. 그런 별은 만유인력에 의해 수축되고 있으므로 내부의 온도가 상승해도 쉽게 팽창하지 못하는 불안정한 상태가 되어 있다. 그 때문에 무슨 원인으로 내부의 온도가 조금 상승하면 핵융합 속도가 빨라지고 열이 발생한다(융합반응속도는 온도가 높을수록 빨라진다고 알려졌다). 그렇게 되면 그 핵융합반응의 열에 의해서 더욱 온도가 상승하고 핵융합의 속도가 더욱더 빨라진다. 그리고 드디어 폭발을 일으킬 만한 열이 발생하여 별 전체가 폭발하여 날아가 버린다. 몇 분 동안에 별을 만들고 있던 전물질(全物質)이 폭발해서 날아가 버리므로 그 엄청남은 우리의 상상을 넘어선다.

다른 하나는 비교적 젊은 별에서 일어난다. 수소의 대부분을 태워버린 별은 만유인력의 작용으로 점차 수축하는 데 따라서 중심부분의 온도가 상승한다. 그리고 높은 온도 때문에 헬륨보다 무거운 원자, 예를 들면 탄소, 질소, 산소 등이 만들어진다. 끝내 가장 안정성이 있는 철(Fe)의 원자가 만들어지는 단계까지 이른다. 그때 온도는 약 70억 도라는 초고온이라고 추정된다. 이쯤의 고온까지는 온도가 높을수록 무거운 원자핵이, 융합반응으로 만들지는 것으로 알려졌다.

그런데 이 이상으로 온도가 상승하면 융합반응의 역반응이 일어나 철(Fe)원자는 다시 헬륨원자로 분해되어 버린다. 또한 이 분해반응은 흡열반응(吸熱反應)으로 다량의 열을 흡수한다. 그 때문에 지금까지 높았던 별의 중심부분의 온도가 갑자기 내려가게 된다. 그렇게 되면 수축이 갑자기 일어나서 중심 부분은 바깥둘레 부분으로부터의 강한 압력에 견딜 수 없게 되어 몇 분 이내에 짓눌려버린다.

이때, 별의 바깥둘레 부분에 남아 있던 몇 종류의 원자, 즉 산소, 탄소, 헬륨 및 수소 등이 내부의 아직 완전히 식지 않은 고온부분에 말려 들어가서 폭발적인 융합반응을 일으켜 마치 수소폭탄의 폭발처럼 별의 바깥부분을 순간적으로 날려버린다. 그리고 난 뒤에는 그다지 빛나지 않는 작은 별이 남는다.

이렇게 별에 따라 그 생애의 경과는 각각 다르다. 천문학자는 지금부터 약 70억 년 뒤에는 태양 및 그 밖의 모든 별은 다 타버려 빛을 잃게 된다고 예상하고 있다.

2. 우주의 방랑자들

우주선의 고에너지를 전력으로 바꾸면…

소립자가 소용돌이치는 도가니에서 우주가 탄생한 것을 알았다. 그럼 우주선은 어떻게 발생할까? 우주선은 우주공간을 고속으로 날아다니는 양성자다. 그러나 정확하게 말하면 양성자 외에, 전부 합쳐 양성자수의 약 10%의 헬륨 및 그것보다도 무거운 원자의 원자핵이 혼합되어 있다.

일반적으로 1개 또는 그보다 많은 소립자가 고속으로 나는 경우에 그것을 방사선이라 부른다. 그러므로 우주선도 방사선의 일종이다. 방사선 가운데서도 자연방사성 원소(라듐, 토륨 등)에서 나오는 방사선은 잘 알려져 있다. 예를 들면, 라듐의 방사선 원소로부터는 알파(α), 베타(β) 및 감마(γ)선이라 불리는 방사선이 나온다.

지금 방사선 중의 단 한 개의 소립자 또는 원자핵만을 생각해 보자. 우주선이라는 방사선은 라듐이나 원자폭탄의 폭발에 의해서 생기는 방사선과 비교할 수 없을 만큼 에너지가 크다. 이것이 우주선의 특징이다.

우주선의 에너지가 대단히 크다고 말하면, 그 큰 에너지를 다른 곳에 이용할 수 없는지 질문하는 사람이 많다.

그래서 우주선의 특징인 '에너지가 크다'는 뜻에 대해 조금 얘기하겠다. 앞에서 방사선 속의 단 한 개의 소립자나 원자핵만을 생각한다고 한 것은 방사선의 에너지는 1개의 소립자, 또는 원자핵이 갖고 있는 에너지로 나타내는 일이 많기 때문이다.

이런 에너지에 대해서 우리가 일상생활에서 실제로 느끼는 에너지는 매우 많은 수의 소립자, 원자 등의 에너지의 총계를 말한다. 개개의 소립자의 에너지가 작더라도 소립자의 수가 많으면 그 수에 비례해서 총에너지는 얼마든지 커진다. 그 총에너지야 말로 우리가 감각으로 느끼고 또 생활에 이용할 수 있는 에너지이다.

예를 들면 수소폭탄이 폭발할 때 인공적으로 만들어질 수 있는 최대의 에너지가 발생하지만, 그때 폭발의 중심부에 있는 개개의 분자의 평균 에너지는 1만 전자볼트 정도이다. 또한 타고 있는 기체 속의 개개의 분자의 에너지는 약 1전자볼트 정도이다.

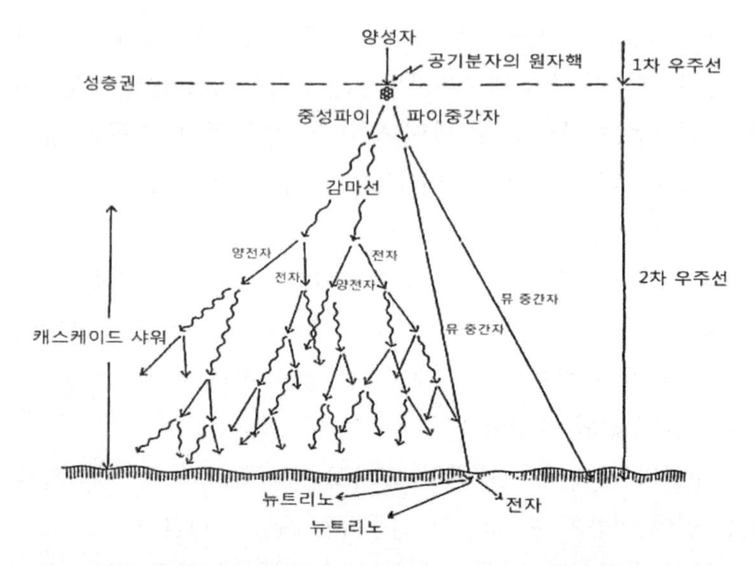

〈그림 28〉 우주에서 날아온 우주선(고에너지 양성자)은 지구의 대기권에서 공기 분자의 원자핵과 충돌하여 여러 가지 변화를 한다

그런데 우주선(宇宙線) 입자 1개의 에너지는 10억 전자볼트에서 10억 전자볼트의 100만 배 정도가 되며 다른 것과 비교도 할 수 없을 만큼 크다. 예를 들면 우주선 속의 양성자는 각각 여러 가지 크기의 에너지를 가지고 있으나 대부분의 것은 10억 전자볼트이다. 그중에는 100억의 10억 배(1×10^{19}) 전자볼트를 가진 것도 있다. 이것이 현재까지 발견된 양성자의 최고에너지다. 만일 이 에너지를 전력으로 바꾸면 1와트의 전구를 1초간 켤 수 있다. 그러나 우주선 입자의 수가 매우 적으므로 이것을 모아서 우리 생활에 에너지원으로 이용할 수는 없다.

지구의 대기상층에 쏟아지는 우주선 속에 있는 양성자의 수는 매초 10억의 10억 배 개이다. 이 수는 매우 큰 수이다. 그러나 소립자의 수로서는 작은 것이다. 예를 들면, 우리의 주위에 있는 공기 1㎤ 안에 공기 분자의 핵외전자가 약 300억의 100억 배 개나 있다. 이 수를 지구에 쏟아지는 전우주선* 속의 소립자의 수와 비교하면 우주선 속의 소립자의 수가 얼마나 적은지를 알 수 있다(〈그림 28〉 참조).

우주선은 신성(新星), 초신성(超新星)의 폭발로 발생한다

이렇게 거대한 에너지를 갖는 우주선은 어디서 발생할까? 이것은 최근까지 우주에 관한 가장 흥미로운 수수께끼의 하나였다. 최근의 인공위성, 로켓 등에 의한 우주선 관측, 전파망원

*여기서 언급한 우주선은 지구의 대기상층까지 날아온 우주선으로 1차 우주선이라 불리는 것이다. 이 1차 우주선이 대기 중에 돌입하면 공기 분자의 원자핵과 충돌하여 나중에 설명하는 파이(π)중간자라고 불리는 소립자로 변화한다. 파이중간자에는 전기를 가진 중간자(하전중간자)와 중성의 중간자(중성중간자)의 두 종류가 있다.

하전중간자 쪽은 발생 후 곧 성층권 안에서 뮤(μ)중간자라고 불리는 중성미자로 변해 버린다. 이 뮤중간자와 중성미자는 지상까지 내려온다. 그런데 중성중간자 쪽은 성층권 안에서 두 개의 고에너지 감마(γ)선으로 변해 버린다.

이 감마선은 공기 중에서 고에너지의 전자와 고에너지의 양전자로 변한다. 그 고에너지 전자는 공기 분자 중의 원자핵 가까이 지나갈 때 가속도 운동을 한다. 그 결과 맥스웰 전자기이론에서 알 수 있는 것 같이 전자는 전자파를 방출한다. 이 경우의 전자파는 파장이 짧고 감마선이라 불린다. 고에너지의 양전자 쪽은 핵외전자와 충돌하여 두 개의 고에너지 감마선으로 변한다. 이 변화의 과정을 몇 번이나 공기 중에서 되풀이하면 성층권 안에서 발생한 두 개의 고에너지 감마선이 지상에 도달할 때는 많은 전자와 감마선으로 된다. 이 전자와 감마선의 흐름은 〈그림 28〉과 같이 폭포 같은 모양이 된다. 그래서 〈캐스케이드 샤워(Cascade Shower)〉라고 불린다. 캐스케이드는 폭포라는 뜻이다. 이렇게 1차 우주선에 의해 대기 안에서 2차적으로 만들어진 우주선은 2차 우주선이라 불린다.

경에 의한 천체 관측, 소립자의 성질에 대한 여러 발견으로 수수께끼는 거의 풀렸다.

1942년쯤부터 우주선의 일부분은 태양 표면에서 폭발이 일어날 때에 발생한다는 것이 알려졌다. 폭발은 1942년 이후에 다섯 번 관측되었다. 폭발할 때 태양의 표면 위의 관측지점에서 비교적 다량의 전자와 양성자가 방출된다. 전자는 태양자기장의 영향으로 나선상 궤도를 그리는 운동을 한다(〈그림 29〉 참조). 질량이 가벼운 소립자가 이런 운동을 하면 싱크로트론 방사선(Synchrotron Radiation)이라는 전자파를 방출하고 에너지를 소모한다. 그래서 고에너지의 전자는 태양 부근에서 에너지의 대부분을 소모해 버린다. 그러므로 지구에는 에너지가 작은 전자밖에 도달하지 않는다. 우주선은 에너지가 큰 것이 특징이므로 이것은 우주선이라고 할 수 없다.

여기에 반해 양성자는 전자에 비해 2,000배나 질량이 무겁기 때문에 나선운동을 해도 에너지를 잃는 일은 거의 없다. 고에너지인 채로 지구로 날아온다. 이것이 지구에 도착하는 우주선의 일부가 된다. 태양에서 오는 양성자의 에너지는 1개마다 1억에서 몇 백억 전자볼트의 에너지를 지닌다. 그러나 우주적으로서는 에너지가 작은 편이다. 그럼 다른 대부분의 우주선 특히 고에너지우주선은 어디서, 또 어떻게 발생할까?

우주선의 대부분은 앞에서 얘기한 신성 및 초신성의 폭발 때 발생한다. 신성 및 초신성의 폭발 때 그 별을 조성하고 있던 물질의 대부분이 플라즈마운(이온과 전자의 혼합기체)이 되어 초속 몇천 킬로미터의 속도로 주위의 공간으로 확산한다. 그와 동시에 고에너지의 양성자, 전자 및 가벼운 원자핵이 방출된다.

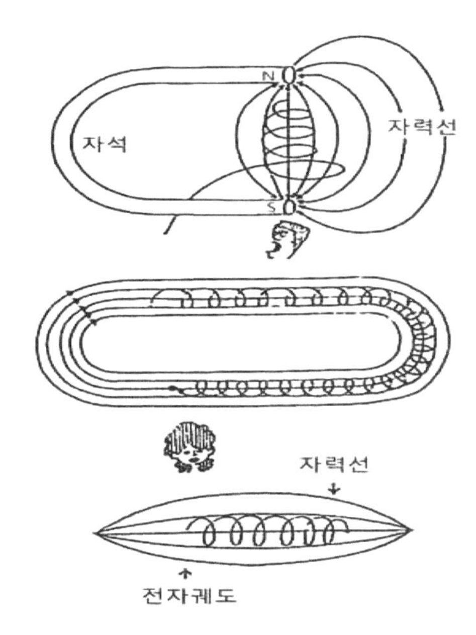

〈그림 29〉 전자는 자기장 속에서 자력선에 따라
나선상 운동을 한다

그들 가운데서 양성자와 원자핵이 갓 탄생한 우주선이다.

요컨대 폭발에 의해서 신성 및 초신성의 거대한 초고온 물체의 거의 전부가 플라즈마운, 우주선, 빛과 전자로 일순간에 변해 버린다. 따라서 한 번의 폭발로 막대한 양의 우주선이 발생한다. 우주선의 대부분은 이렇게 발생한다고 추정된다. 그런데 여기서 갓 탄생한 우주선의 에너지는 아직 지구에 도착한 고에너지우주선의 에너지만큼 크지 않다. 이 우주선은 우주공간 안에서 고에너지를 가지게 된다.

우주에서의 거대한 자기장의 작용 〈페르미 가속〉

우주선은 어떻게 고에너지를 얻을까? 이것은 페르미 가속이라는 현상에 의해서이다. 페르미 가속이란 우주공간의 자기장의 작용에 의해서 일어난다. 먼저 자기장이 어떻게 발생하는지 설명하겠다. 자기장은 전기를 가진 입자가 어떤 운동을 하면 그 주위에 생긴다. 예를 들면 전기장이 그 보기이다. 전자석은 철심과 그 주위에 동선(코일)을 감아서 만든다. 코일에 전류를 흘리면 철심은 자석이 된다. 그런데 철심을 코일에서 떼어도 코일의 주위에 약한 자기장이 생긴다. 이것은 자기장이 전류에 의해서 생긴 것을 나타낸다(철심은 코일에 발생하는 자기장을 세게 하는 작용을 한다). 그런데 전류란 도체(導體) 안을 흐르는 전자의 흐름이다.

그러므로 전류를 통한 코일의 주위에 발생하는 자기장은 코일의 동선 속을 흐르는 전자에 의해 생긴다. 전자는 동선 속이 아니고 공간을 날아도 그 주위에 전자와 함께 자기장이 발생한다. 또 전자뿐만 아니라 전기를 가진 원자, 즉 이온이 날아도 그 주위에 마찬가지로 자기장이 생긴다. 우주공간의 자기장은 이렇게 해서 발생한다.

우주공간에서의 자기장이란 플라즈마운에 의한 것과 성간물질에 의해서 일어나는 것이 있다. 플라즈마운은 앞에서 얘기한 대로 전자와 이온으로 되어 있다. 그 전자와 이온은 운동하고 있으므로 플라즈마운은 자기장을 가진다. 성간물질은 별로부터 X선, 자외선, 우주선 등의 세례를 받고, 그 일부분은 전자를 잃고 이온으로 된다. 그리고 그 이온은 별로부터의 빛의 압력(빛은 물체에 압력을 미친다는 것도 알려졌다)으로 불규칙한 운동을

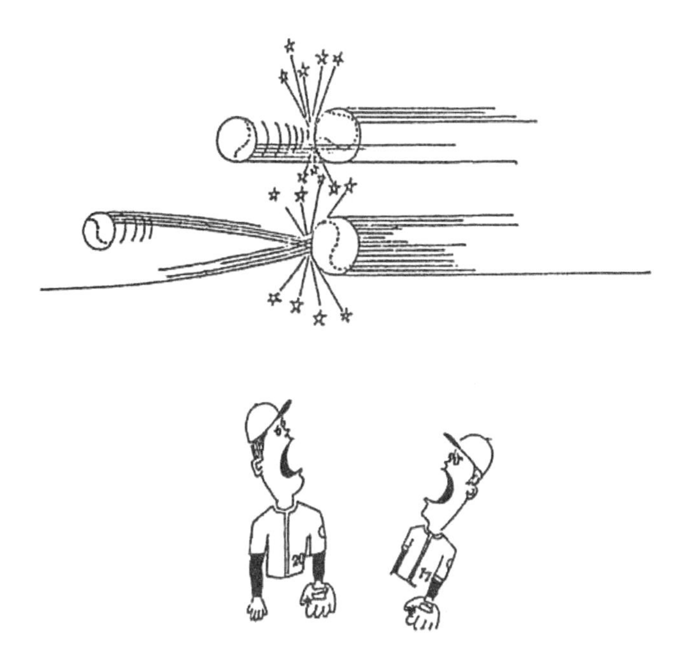

〈그림 30〉 큰 공이 충돌하면 작은 공이 덕을 본다(페르미 가속)

하고 있다. 따라서 성간물질도 또한 자기장을 만든다. 이 자기장의 세기는 이온의 밀도, 이온의 흐름의 속도에 따라 다르지만 은하계 안에서는 평균 10만 분의 1가우스*〔Gauss, 가우스는 자기장의 단위. 지구 표면에서의 지자기(地磁氣)의 세기는 몇 분의 1 가우스 정도이다〕 정도이다.

이 자기장이 어떻게 해서 페르미 가속 현상을 일으킬까? 페르미 가속은 이탈리아 원자물리학자 페르미(Enrico Fermi, 1901~1954)에 의해서 발견된 것이다. 알기 쉽게 얘기하면 아주 크고 무겁고 단단한 공과, 작고 가볍고 단단한 공이 많이 뒤섞여 날

*역자 주: Johann Karl Friedrich Gauss, 1777~1855

고 있다고 하자. 거대한 공과 작은 공 사이에 가끔 충돌이 일어난다. 이 충돌이 몇천 번이나 되풀이 되면 평균적으로 작은 공의 속도가 빨라진다. 이것은 수학적으로 증명된다. 이런 현상을 페르미 가속이라 한다(〈그림 30〉 참조).

우주선은 고속으로 우주공간을 날고 있다. 플라스마운이나 성간물질에 의해서 생긴 자기장의 구름도 운동하고 있다. 먼저 보기에서 말하면 우주선은 작은 공이고 자기장의 구름은 큰 공이다. 둘이 충돌한 경우에 평균적으로 우주선의 속도는 빨라지고 에너지가 커진다.

우주선이 되기까지는 몇 천 만 년이나 걸린다

페르미 가속은 어디서 일어날까? 은하계의 별이 존재하고 있는 범위는 원반 모양(圓盤像)이다. 그러나 은하계의 자기장의 구름이 존재하는 범위는 원반 밖으로 밀려나 있다. 그 크기는 원반을 포함한 반지름 약 5만 광년의 구체(球體)이다. 이 구체는 헤일로(Halo)라고 불린다. 은하계에서 말하면 페르미 가속이 일어나는 무대는 이 헤일로 안 전역(全域)이다. 우주선은 태어나서 고에너지가 되기까지 헤일로 안을 몇백 만 년에서 몇천 만 년의 긴 시간 동안 방랑한다. 그리고 가속된 우주선의 극히 일부분이 지구에 닫는다. 또 우주선 가운데는 헤일로를 탈출하여 끝없는 우주여행을 출발하는 것도 있다.

헤일로 안에 자기장의 구름이 존재하는 것을 어떻게 알았을까? 먼저 얘기한 것처럼 초신성이 폭발할 때에 전자가 발생한다. 이 전자가 헤일로 안의 자기장의 구름 가운데 뛰어 들어가면 자기장의 영향으로 나선현상을 일으키고 싱크로트론 방사선을 낸다. 그리고 그 방사선의 일부분은 지구에 닿는다. 싱크로트론 방사선은 앞에서 얘기한 것처럼 전자파, 즉 전파이므로 이것을 지상에서 전파망원경으로 관측하여 그 싱크로트론 방사선의 원천(자기장의 구름)의 소재를 알 수 있다.

우주선은 몇 년쯤 전부터 우주에 존재하였을까? 여러 가지 관측과 페르미의 이론을 합쳐 추정하면 1억 년쯤 전부터 현재와 거의 같은 양의 우주선이 은하계에 존재하였다. 다른 성운에 대해서도 거의 마찬가지로 말할 수 있다. 이렇게 현재의 우주에서는 별, 성간물질, 플라스마운, 자기장의 구름, 빛, 우주선이 서로 관계를 가지며 활약하고 있다.

우주의 신비를 푸는 중성미자

앞의 얘기에서는 뺐지만, 별이 빛을 방출할 때 매우 특징적인 중성미자라는 소립자가 방출된다. 이 중성미자는 우주선 속의 양성자처럼 고에너지는 아니다. 오히려 그 대부분이 저에너지이다. 그러나 놀랄 만한 성질을 갖고 있다. 다시 말해 강력한 물질 투과력을 갖고 있다.

이 소립자는 일렬로 배열한 백만 개의 지구라도 관통할 만한 투과력을 갖고 있다. 거대한 성운이라도 중성미자에는 거의 장애가 되지 않는다. 그리고 그 속도는 빛과 같이 항상 광속도이다. 중성미자는 별의 내부에서 양성자 융합반응(수소 원자핵에서 헬륨 원자핵이 만들어지는 융합반응)이 일어날 때 빛과 함께 방출된다. 먼저 얘기한 것처럼 빛은 별의 중심부에서 표면에 도달하기까지 약 100만 년이 걸리는데 중성미자는 별의 내부도 아무런 저항을 받지 않고 광속도로 날기 때문에 중심에서 표면까

〈그림 31〉 우리의 몸을 매초 100조 개의 중성미자 입자가 관통하고 있다

지 나오는 데 몇 초도 걸리지 않는다. 빛도 중성미자도 에너지를 가지고 있다. 따라서 별은 항상 우주공간에 빛의 에너지를 방출하는 동시에 중성미자의 에너지도 방출하고 있다. 계산에 의하면 태양 및 별이 방출하는 중성미자 전체의 에너지는 빛 전체의 에너지의 약 10분의 1이다.

지구에는 태양으로부터 막대한 양의 중성미자가 쏟아지고 있다. 최소한 우리의 몸은 매초 약 100조 개의 중성미자에 의하여 상하, 좌우방향에서 관통되고 있다. 또 이 대량의 중성미자는 우리 몸에 아무런 작용을 미치지 않고 관통한다. 우리의 일생 동안에 한 개 정도의 중성미자가 몸 안에 머무르는 정도이다. 그리고 머무는 것과 동시에 중성미자는 다른 소립자로 변해 버린다(〈그림 31〉 참조).

최근에 중성미자가 초신성의 폭발 전에 그 별에서 특별히 다량으로 방출되는 것으로 생각하게 되었다. 이에 중성미자가 방출되는 방법은 보통 별로부터 방출되는 방법과는 다르다.

폭발을 일으키는 별은 폭발이 일어나기 수백 년 전부터 그 중심부가 수억 도 이상의 고온상태가 되어 있다고 추정된다. 이런 고온 물체에서 나오는 빛은 파장이 매우 짧은 빛이며 따라서 에너지가 큰 광자로 되어 있다. 그런데 그 에너지가 큰 광자와 광자가 충돌하면 두 개의 광자는 두 개의 중성미자로 변하는 것이 최근 이론적으로 알려졌다.

초신성이 되는 별은 이렇게 폭발하기 수백 년 전부터 다량의 중성미자를 우주공간에 방출하고 있다. 그 중성미자 전체의 에너지는 보통 별의 경우와 달라 같은 별에서 나오는 빛의 에너지보다도 훨씬 크다고 추정된다. 아무튼 신성도 초신성과 마찬가지로 폭발 전에 다량의 중성미자를 방출한다고 추정되고 있다.

그럼 이렇게 별에서 탄생한 중성미자는 그 놀랄 만한 물질관통력을 갖고 오로지 우주의 끝을 향해 날기만 할까? 현재 물리학자들은 나중에 얘기하는 것처럼 인공 중성미자의 검출에는 성공하였으나 우주 중성미자 쪽은 아직 성공하지 못하고 있다. 따라서 확정적으로 말할 수 없으나, 현재의 지식으로 상상할 수 있는 것은 우주 중성미자의 존재는 우주 팽창의 원인, 현재 우주의 구조와 깊은 관계를 가지고 있다는 것이다. 이렇게 상상할 수 있는 근거는 중성미자와 별 사이에 만유인력이 작용한다고 생각할 수 있기 때문이다.

다시 중성미자는 우리의 우주와는 전혀 반대의 반우주(反宇宙)의 존재에 대해 생각할 수 있는 실마리를 제공하고 있다. 여기에 대해서는 나중에 자세히 얘기하겠다.

V. 시간이 지연되고 공간이 수축하는 세계

1. 빛은 진공을 전파한다

우리의 몸을 1분마다 약 100개의 뮤(μ)중간자가 관통한다

뉴턴은 시간이란 무한한 과거에서 무한한 미래로 아무것에도 영향 받지 않고 같은 속도로 경과하는 것이라고 생각하였다. 그는 공간의 성질에 대해서도 마찬가지로 생각하였다. 즉, 공간의 넓이를 재는 길이는 역시 자연의 어떤 현상에도 영향 받지 않는 일정불변인 것이라고 생각했다. 우리가 일상생활에서 막연하게 생각하고 있는 상식적인 시간과 공간의 개념도 마찬가지다.

이 상식을 바탕으로 생각해 보면 광대한 우주를 사람이 여행하는 경우, 가령 광속도의 로켓으로 여행해도 비행사의 출발 후의 남은 목숨이 50년이라고 하면 50광년의 범위밖에 날 수 없다는 계산이 나온다. 이것은 시간과 공간의 불가사의한 성질을 모르는 사람의 답이다. 원리적으로 광속도의 로켓을 만드는 것은 불가능하지만 광속도의 0.9998배 쯤의 속도의 로켓을 만드는 것은 가능하다고 추정되고 있다. 그런 경우 비행사는 약 50광년의 50배, 즉 거의 2500광년의 먼 곳까지 날 수 있다.

시간과 공간의 불가사의한 이런 성질은 이론적으로 생각할 수 있을 뿐만 아니라 실제의 현상으로 일어나고 있다. 그 보기의 하나로서 2차 우주선의 하나인 뮤(μ)중간자라는 소립자를 알아보자.

2차 우주선이란 우주에서 날아온 우주선이 대기상층(성층권)에서 공기 분자의 원자핵(질소, 산소 등)과 충돌하여 2차적으로 태어난 우주선이다. 그 충돌에 의해서 고(高)에너지 양성자는 두 종류의 파이(π)중간자가 된다. 그 중 한쪽 파이(π)중간자에서 중성미자와 더불어 뮤(μ)중간자가 태어난다. 이 2차 우주선에 대해서 우주에서 날아오는 우주선을 1차 우주선이라 한다.

뮤(μ)중간자는 정지한 상태에서 재면 생겨난 지 100만 분의 1초 후에 소멸하고 1개의 전자와 2개의 중성미자로 변해 버린다. 그러므로 뮤(μ)중간자의 수명은 100만 분의 1초이다.

이 수명의 길이는 일체의 외력(外力)에 전혀 영향을 받지 않고 일정한 것으로 알려지고 있다. 따라서 뮤(μ)중간자는 시간의 역할을 할 수 있다. 이 뮤(μ)중간자가 시간과 공간에 대한 상식으로는 믿을 수 없을 만큼 불가사의한 성질을 가지고 있다.

먼저 두 가지 관측 사실을 알아보자.

첫 번째 사실로 뮤(μ)중간자는 지상 약 15㎞ 높이의 성층권에서 파이(π)중간자로부터 만들어진다. 이것은 기구(氣球), 로켓 등에 의한 우주선 관측에 의해 확인되었고 전혀 의심할 여지가 없다.

두 번째 사실로 뮤(μ)중간자는 거의 광속도에 가까운 속도(광속도의 0.9998배), 즉 초속 약 30만 ㎞로 지상으로 쏟아진다. 우리 몸은 지금 뮤(μ)중간자에 의해 관통되고 있다. 그 수는 1분에 약 100개쯤이다. 우리 몸 안에서 머무르는 뮤(μ)중간자도 있으나 대부분은 땅속까지 돌입하고 나서 멎는다. 그리고 멎은 뮤(μ)중간자는 전자와 중성미자로 붕괴한다. 이것도 관측 장치를 사용해서 쉽게 실증할 수 있다.

이 두 가지 실험 사실은 도저히 상식으로 설명할 수 없는 모순을 얘기하고 있다. 왜냐하면 뮤(μ)중간자의 비행속도는 초속 약 30만 킬로미터이므로 뮤(μ)중간자가 일생 동안 날 수 있는

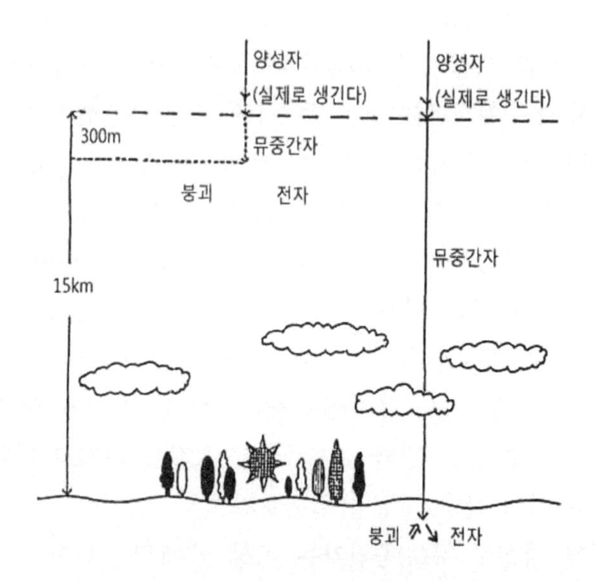

〈그림 32〉 뮤중간자는 자기 수명의 50배를 산다

최대거리는 30만 ㎞×100만 분의 1초=0.3㎞일 것이다.

그런데 앞의 두 가지 사실은 뮤(μ)중간자가 실제 15㎞ 이상 난 것을 나타낸다. 바꿔 말하면 예상되는 최대 비행거리의 50배 이상이나 뮤(μ)중간자가 날았다. 즉, 수명이 50배나 늘어난 것이다(〈그림 32〉 참조).

이 뮤(μ)중간자의 불가사의한 행동은 무엇을 뜻할까? 뮤(μ)중간자가 거의 광속도로 날고 있는 데 원인이 있다. 우리는 광속도에 가까운 속도로 나는 물체를 일상생활에서는 볼 수 없다. 우리가 알고 있는 가장 빠른 속도로 나는 물체는 인공위성 발사용 로켓이다. 그러나 그 속도도 광도(빛을 발하는 물체의 빛 세기)와는 비교도 안될 만큼 느리다는 것을 다음 보기로 알 수 있다.

태양에 가장 가까운 별(알파 켄타우루스)는 태양에서 4광년(70조 킬로미터)이나 멀다. 가령 로켓이 지구 탈출속도(지구 인력을 이기고 인력권 밖까지 탈출하는 데 필요한 최소 속도)인 초속 11㎞로 4광년을 나는 데 약 10만 년이 걸린다. 이것으로 광속도가 얼마나 우리의 상식을 벗어난 속도인지 알 수 있다.

준광속도 로켓이라면 50년 동안에 2500광년을 날 수 있다

우리의 상식에 의하면 출발 후에 남은 수명이 50년인 비행사가 그의 일생 동안에 2500광년의 먼 곳까지 날려면 로켓의 속도를 광속도의 50배로 할 필요가 있다. 그러나 앞의 뮤(μ)중간자의 보기에서 알 수 있듯이 로켓이 광속도에 가까운 속도로 날 수 있다면 비행사의 생존 중에 거의 2500광년을 날 수 있다. 그것을 더 정확하게 말하면 다음과 같다.

『빛이 50년간에 도달하는 것은 50광년의 거리이다.
로켓이 광속도의 0.9998배의 속도로 날면
같은 50년간에 거의 2500광년의 거리를 날 수 있다』

이 얘기는 초보의 산술에 위배되는 기묘한 일이다. 누구나 이런 일은 절대로 일어날 수 없다고 생각할 것이다. 왜 광속도에 가까운 속도로 나는 물체에 이런 기묘한 일이 일어날까? 그 이유는 다음에 설명할 특수 상대성이론으로 설명할 수 있다.

특수 상대성이론은 〈광속도불변의 원리〉가 가장 기초가 되어 있다. 먼저 광속도불변의 원리부터 설명해 보자. 광속도불변의 원리란, 등속도(等速度)로 운동하고 있는 모든 관측자에게 광속도가 일정하게 보인다는 것이다.

광속도를 측정하는 데는 어느 측정된 두 점 사이의 거리와 빛이 통과하는 데 소요되는 시간을 측정하고 그 거리를 통과시간으로 나누면 된다.

예를 들면 1m 자의 한쪽 끝에서 다른 끝까지 빛이 가는 데 소요되는 시간을 재 보자. 그러나 실제로 빛이 자의 양끝을 통과하는 순간 시간을 직접적인 방법으로 정확하게 잰다는 것은 어렵다. 그 시간을 측정하기 위해 여러 가지 방법이 생각되고 있다. 결국 광속도를 측정하는 방법은 두 점 사이의 통과 시간과 두 점 사이의 길이의 측정이 된다. 측정된 가장 정확한 광속도의 값은 초속 2.99792×10^{10}㎝(약 30만 ㎞)이다.

이 지식을 바탕으로 하면 「등속도로 운동하고 있는 모든 관측자에게 광속도는 일정하게 보인다」고 할 수 있다. 이 뜻을 더 구체적으로 설명하면 다음과 같다.

즉, 이것은 빛이 오는 방향으로 날고 있는 사람이 광속도를 측정해도, 빛이 날아가는 방향으로 날고 있는 사람이 광속도를 측정해도 광속도의 크기는 초속 2.99792×10^{10}㎝라는 것이다. 그리고 그 측정자의 속도는 등속도이면 되고, 속도는 얼마라도 상관없다. 이 원리를 이해하기 위해서는 먼저 물체의 속도가 무엇인지 생각해 둘 필요가 있다.

속도란 무엇인가?

물체의 속도를 나타낼 때는 그 속도와 비교할 물체(대조물)가 필요하다. 대조물이 되는 것을 명시하고 있지 않을 때는 너무 잘 알고 있는 것이기 때문이다. 그러나 어느 경우라도 반드시 대조물이 있다.

예를 들어, 경부 고속버스의 속도가 시속 90㎞라고 한다면 이때 고속버스 속도의 대조물이 되는 것은 땅이다. 즉, 땅에 대해서 90㎞의 속도라는 뜻이다.

음파(音波)의 속도가 초속 약 300m인 경우에는 그 속도의 대조물은 공기이다. 수면의 파의 속도가 초속 10m인 경우는 그 속도의 대조물은 물이다. 빛의 속도의 대조물이 되는 것은 무엇일까?

아인슈타인이 특수 상대성이론을 발표하기까지는 물리학자는 에터(Ether)라는 가상물질(유기물질의 에터와는 다르다)의 존재를 가정했다. 그 가정에 의하면 에터가 진공 공간을 한결같이 채우고 빛은 그 에터 속에 일어나는 파동(波動)이라고 생각하였다. 빛의 속도의 대조물이 되는 것은 에터이다. 빛에 대한 에터는 수면 위의 파에 대한 물의 관계와 같다고 생각하였다.

그런데 이 가정이 나중에 와서 실험 사실과 어긋나는 큰 모순을 초래했다. 그 모순이란 다음과 같다. 지구는 태양의 주위를 초속 약 29㎞의 고속으로 공전하고 있다. 그래서 지구는 우주를 채우고 있는 에터 속을 운동하고 있다는 것이다. 에터를 연못의 물에 비유하면 지구는 물속을 헤엄치는 고기와 같다. 그리고 에터에 대한 지구 및 물체의 속도를 절대속도라고 불렀다.

그래서 지구상의 사람이 보면 에터는 지구의 운동방향과는 반대방향으로 지상에 흐르고 있을 것이다. 지구의 운동 방향은 동서(東西)의 방향이므로 어쨌든 에터의 흐름은 동서방향에 있을 것이다. 여기에 반하여 남북(南北)의 방향에는 에터의 흐름이 없다. 따라서 지상에서의 빛의 속도를 측정하는 경우를 생각하

〈그림 33〉 빛의 속도와 배의 속도. 배의 속도는 강의 흐름을 거슬러 가는 쪽이 강의 흐름을 따라 가는 경우보다 느리게 가는 것처럼 보인다. 그런데 빛의 속도는 어떤 경우라도 일정하다

면 다음과 같이 말할 수 있다.

빛을 동에서 서로 비추어 광속도를 측정한 경우와 빛을 서에서 동으로 비추어 광속도를 측정한 경우는 지상의 사람이 보는 광속도의 값이 달라질 것이다. 가령 에터가 동에서 서로 지상을 흐르고 있다고 하자. 앞선 경우에는 빛은 에터의 흐름을 거슬러서 에터 사이를 전파하므로 지상에서 보는 광속도의 값은 커지고, 나중 경우에는 에터의 흐름을 거슬러서 에터 사이를 빛이 전파하므로 지상에서 보는 광속도의 값은 작아진다.

이 얘기는 그다지 어려운 것이 아니다. 예를 들면 강의 흐름을 따라 배를 진행시키는 경우와 강의 흐름에 거슬러 배를 진행시키는 경우에 강가에 서 있는 사람이 보면 먼저 경우는 배가 빠르고, 나중의 경우에는 배의 속도가 느린 것과 같다. 먼저 얘기의 에터의 흐름을 강의 흐름에, 빛을 배와 비유하면 같은 얘기가 된다(〈그림 33〉 참조).

그래서 이것을 실험적으로 입증하기 위해 1887년 미국의 마이클슨(Albert Abraham Michelson, 1852~1931)과 몰리(Edward William Morley, 1838~1923)는 아주 정밀한 기계를 사용해서 실험을 해 보았다. 그 결과는 믿을 수 없을 만큼 기묘했다. 광속도는 에터의 흐름과 관계없이 일정했다.

물리학자들은 이 기묘한 사실을 어떻게 설명해야 할지 몰라 당혹스러워 했다. 사실의 중대성을 알아차리고 마이클슨과 몰리는 몇 번이나 실험을 되풀이했으나 결과는 같았다. 이때 26살의 아인슈타인의 천재적 통찰력은 에터라는 매질(어떤 파동 또는 물리적 작용을 한 곳에서 다른 곳으로 옮겨 주는 매개물)을 가정하는 것이 잘못임을 발견하였다.

그는 에터라는 매질을 생각하는 한 이 기묘한 실험 사실을 설명할 수 없다고 생각하였다. 그리고 이 실험 사실은 적어도 에터가 존재하지 않는 것을 나타내고 있다고 판단하였다.

그는 에터의 유령적 존재를 무시하고 마이클슨과 몰리의 실험 사실을 그대로 받아들였다. 빛은 에터의 존재를 필요로 하지 않고 진공 중에 전파하는 성질이 있다고 생각하였다.

어떤 고속이라도 빛을 따를 수 없다

에터의 존재를 말살해 버리면 광속도불변의 원리의 필연성을

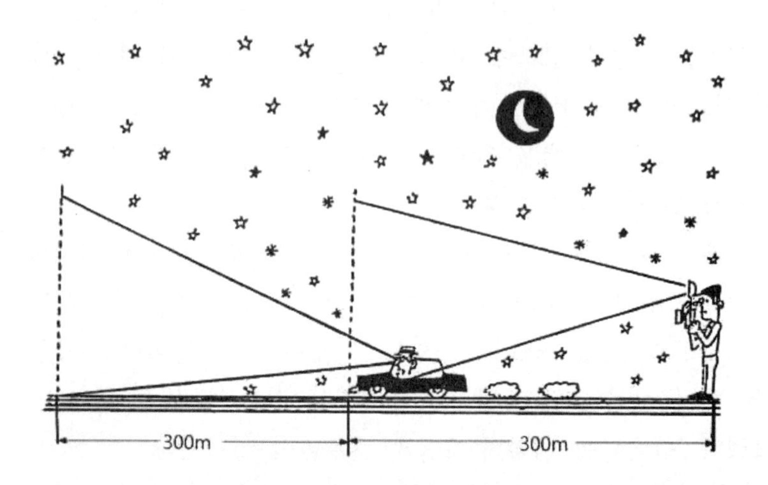

〈그림 34〉 아무리 빠른 자동차로 쫓아가도 빛을 따를 수 없다. 빛의 속도는 초속 30만 ㎞. 100만 분의 1초에 300m. 초속 29만 ㎞의 자동차로 쫓아가면 100만 분의 1초 후에 빛은 10m 앞에 있을 터인데…

이해할 수 있다. 마이클슨과 몰리의 실험에서 동쪽 방향과 서쪽 방향으로 나는 빛의 속도가 다르다고 가정해보자. 그 차이는 지상을 진공이 동서 방향으로 흐르고 있는 데 원인이 있다. 진공은 완전히 균일하고 아무런 표식도 없는 것이다. 그런 것의 흐름이란 전혀 생각할 수 없다. 바꿔 말하면, 진공의 속도는 존재하지 않는다.

동쪽 방향과 서쪽 방향으로 나가는 빛의 속도가 다르게 나타났다면 존재하지 않는 진공의 속도가 나타난 것이 된다. 따라서 그런 일은 결코 일어나지 않는다. 이런 사실에서 진공 중을 전파하는 광속도는 관측자의 운동속도에 관계없이 일정하게 보일 것이다. 바꿔 말하면, 모든 관측자에 대한 빛의 속도는 일정하다. 이것이 광속도불변의 원리이다.

이 광속도불변의 원리의 존재는 시간, 공간에 불가사의한 성질이 있는 것을 뜻한다. 즉, 광속도불변의 원리가 있음으로써 다음과 같은 사실이 생긴다고 생각되기 때문이다.

지금 지상에 서 있는 사람이 전등을 수평방향으로 비췄다고 하자. 지상에 서 있다는 것은 등속도 운동의 속도 0의 경우에 해당한다. 그 사람이 전등을 비추고 나서, 100만 분의 1초 후에 빛이 도달한 거리를 재면 빛의 속도는 초속 약 30만 ㎞이므로 빛은 300m까지 비친 것이 된다(30만 ㎞×100만 분의 1=300m).

다음에 빛을 비친 지점에서 비친 순간에 빛이 진행하는 방향으로 자동차가 달리기 시작했다고 하자. 그 자동차의 지면에 대한 속도를 초속 29만 ㎞라고 한다. 그러면 그 운전사는 빛을 비치고 나서 100만 분의 1초 후에 빛이 어디까지 땅 위를 비췄는가를 볼 수 있었을까?

그 답은 간단하다. 100만 분의 1초 후에 자동차는 290m를 달린다. 그런데 빛은 300m 앞을 비추고 있으므로 운전사에게는 빛이 자동차의 10m 앞까지 비치고 있는 것이 보일 것이다(〈그림 34〉 참조).

이상은 우리의 상식적 시간 공간에서 생각한 답이다. 그런데 광속도불변의 원리로 생각하면 답이 아주 달라진다.

역시 그 운전사에게도 100만 분의 1초 후에 빛이 자기 앞 300m까지 비치고 있는 것이 보인다. 운전사가 본 자기에 대한 빛의 속도는 역시 초속 약 30만 ㎞이다. 만약 빛이 운전사의 앞 10m까지 밖에 땅 위를 비추지 않았다면 운전사에 대한 빛의 속도는 초속으로 1만 ㎞가 된다. 이것은 실제 광속도의 30분의 1이며 광속도불변의 원리에 위배되는 것이다.

다음에 빛을 비치고 나서 100만 분의 1초 후에 본 광경에 대해서 땅 위에 서 있는 사람과 운전사의 얘기를 들어보자.

땅위 사람: 「빛이 비치고 나서 100만 분의 1초 후에 빛은 300m 앞까지 비쳤다」

운전사: 「100만 분의 1초 간 자동차가 달린 위치에서 보니 빛은 300m 앞까지 비치고 있었다」

이렇게 두 사람의 얘기는 상식과 전혀 맞지 않는다. 왜 이럴까? 아인슈타인은 이것을 설명하기 위해서 상식적인 시간 공간의 개념을 수정해서 새로운 시간 공간의 개념을 만들 필요가 있다고 생각했다. 그는 1905년 그 새로운 시간 공간의 개념을 특수 상대성이론으로 발표하였다.

2. 절대성의 부정 〈특수 상대성이론〉

1m의 막대는 10m의 막대이기도 하다

특수 상대성이론을 직관적으로 이해하는 가장 좋은 방법은 우리 마음을 먼저 상식의 속박에서 해방시키는 것이다. 즉, 한번 상식을 깨뜨려 버리고 우리 마음을 아무런 선입관도 갖지 않은 어린이의 마음으로 되돌리는 것이다.

우리가 영어를 이해하기 어려운 이유는 우리말을 바탕으로 영어를 생각하기 때문이다. 언어학자에 따르면, 어느 나라말이

〈그림 35〉 재는 사람에 따라 거리가 달라지는 특수 상대성이론의 세계

특별히 어려운 일은 없다고 한다. 단지 가장 어려운 것은 한번 몸에 밴 지식을 고치는 일이다.

특수 상대성이론이 이해하기 어려운 것도 이와 마찬가지 이유에서이다. 상식이 방해를 하고 있기 때문이다.

상식을 깨뜨리는 수단으로서 다소 극단적인 표현일지 모르나 다음과 같이 생각해 보자. 한 개의 막대가 있다고 하자. 상식에 의하면 그 막대의 길이는 누가 재더라도 같다. 그런데 이 간단하고 의심할 여지가 없는 사실도 단순한 경험 지식에 지나지 않는다. 그러면 이제, 경험 지식을 부정하고 측정하는 사람에 따라 막대의 길이가 다르다고 생각해 보자. 막대 길이의 절대성을 부정하는 것이다. 그러면 「이 막대의 길이는 1m이다」라는 말에는 아무 뜻도 없다. 막대의 길이를 말할 때 반드시 측정자의 이름을 말해야 한다. 다음과 같이 고쳐 말해야 한다. 예를 들면 「A가 측정한 막대의 길이는 1m이다」 관측자가 다르면 같은 막대의 길이에 관해서 「B가 측정한 막대의 길이는 10m이다」가 된다.

특수 상대성이론을 이해하기 위해 이 측정값들이 모두 옳다고 인정하는 것이 중요하다. 단지 막대의 길이뿐만 아니라 땅 위의 거리, 우주공간에서 두 점 사이의 거리 등에 대해서도 마찬가지 사실을 인정해야 한다. 길이만이 아니고 시간과 질량에 대해서도 마찬가지 사실을 인정하는 것이다. 그러면 「나는 1시간 동안 공부했다」는 말은 아무 뜻도 없다. 이것을 「나는 내가 재봐서 1시간 동안 공부했다」 또는 「나는 A가 측정해서 5시간 동안 공부했다」라고 고쳐 말해야 하는 것이다(〈그림 35〉 참조).

이 양 측의 말이 어느 쪽이나 옳다고 인정해야 한다. 막대의 길이와 마찬가지로 시간의 절대성도 부정한다. 이렇게 상식의 파괴가 완료되고 어린이의 마음으로 돌아갔을 때 길이, 시간, 질량의 값은 측정자에 따라 달라지는 것이라고 느끼게 된다.

속도가 빨라지면 물체는 단축되고, 증대하고, 무거워진다

특수 상대성이론으로 표시되는 시간, 공간은 이런 성질이 있다. 단, 그 측정자에 의한 차이에 규칙성이 있다. 그 규칙성을 정리하면 다음과 같다.

「정지하고 있는 측정자가 운동하고 있는 물체의 길이, 질량 및 물체 안의 시간 경과의 속도를 측정하면 길이는 물체의 운동방향으로 짧아지고, 질량은 커지고, 물체 안의 시간 경과는 늦어져 보인다. 이 짧아지고, 무거워지고, 늦어지는 비율은 세 가지가 각각 같은 값이 된다」

여기서 말하는 운동 및 정지라는 표현은 완전히 상대적이다. 그 뜻은 두 사람의 측정자가 등속도 운동을 하고 있을 때, 두 사람 중에 임의의 한쪽이 정지하고 있다고 생각하고, 다른 한쪽은 운동하고 있다고 생각하는 것이다.

이 짧아지고, 무거워지고, 늦어지는 비율은 물체의 속도가 광속도의 90% 이상이 되어서 광속도에 가까워지면 한없이 커진다. 예를 들면, 앞에서 얘기한 준광속도 로켓의 경우처럼 지상에 있는 사람이 봐서 로켓의 속도가 광속도의 0.9998배가 될 때, 그 로켓의 속도를 지상의 사람이 측정할 수 있다면 로켓의 진행 방향의 공간의 길이는 50분의 1로 짧아지고, 로켓의 질량은 50배로 무거워지고, 로켓 안의 시간 경과는 지상의 시계가 나타내는 시간 경과의 50분의 1이 된다. 물체의 속도가 광속도가 될 때, 물체의 길이는 0, 질량은 무한대, 시간 경과의 속도는 0이 된다. 그런데 질량이 무한대가 될 수 없으므로 물체는 광속도까지 빨라질 수는 없다.

예를 들면, 시간의 속도가 늦어진다는 것은 다음과 같다. 만약 승무원이 로켓에서 로켓 안의 시계로 측정하여, 1초마다 불연속하는 빛의 점멸(껐다가 켜는 신호)을, 지상의 관측소에 보냈다고 하자. 그 빛의 점멸의 불연속 시간을, 지상의 관측자가 측정하면 시간 간격이 50배로 늘어나 보일 것이다.

앞의 로켓이 일직선으로 멀어져가고 있다고 하면, 준광속도로 날고 있으므로 로켓에서 나온 빛의 점멸은 지구에 도착할 때 이전 점멸에서 항상 약 50초씩 늦는다. 승무원이 로켓 안의 시간으로 측정해서 로켓에서 1초마다 불연속시켜 보내는 점멸은 약 50초씩의 지연이 더해져서 지상의 관측자에게는 약 100

초마다 불연속하게 보인다.

특수 상대성이론은 이렇게 측정자의 운동 상태의 차이에 의해서 시간과 공간이 달라지는 것을 뜻하고 있다. 이 지식에 의해서 먼저 준광속도로 나는 로켓에 대해서

『빛이 50년간에 도착하는 것이 50광년의 거리인데 로켓이 광속도의 0.9988배의 속도로 날면, 마찬가지 50년간에 거의 2500광년의 거리를 날 수 있다』

라고 한 것을 생각해 보자. 이 표현은 전혀 의미가 없다는 것을 알게 된다. 50년간이라는 시간, 50광년, 2500광년이라는 거리는 누가 측정한 것인가? 이 표현만으로는 알 수 없기 때문이다.

그래서 그 정확한 표현은 다음과 같다.

『지구상의 사람이 측정해서 빛이 50년간에 도착하는 것은 50광년의 거리인데, 로켓이 지구상의 사람이 측정한 준광속도로 날면 로켓 안의 승무원이 측정한 로켓 안의 50년간에 지구상의 사람이 측정한 약 2500광년의 거리를 날 수 있다』

준광속도 로켓 안의 50년은 지구에서는 2500년

매우 까다롭게 되어 오히려 이해하기 어려워졌는지 모르겠다. 좀 더 알기 쉽게 생각해 보자. 먼저 우리를 지구상에 있는 관측자라고 가정한다. 그러면 우리가 보는 로켓의 모습은 다음과 같다.

로켓이 광속도의 0.9998배의 속도로 날고 있다. 그리고 로켓 안의 시간 경과가 특수 상대성이론에 의하여 지구상 시간 경과의 50분의 1의 속도이다. 따라서 지구 위에서 2500년 경과했

을 때, 지구 위의 우리가 보는 로켓은 약 2500광년의 거리를 날고 있다. 그러나 우리가 보는 로켓 안의 시간은 겨우 그 50분의 1인 50년이 경과했을 뿐이다. 즉, 우리가 봐서 로켓이 2500광년의 거리를 날았을 때, 승무원은 지구를 출발했을 때보다 나이를 50살만 더 먹었다.

다음에 우리가 로켓의 승무원이 됐다고 하자. 로켓의 창으로 암흑 속에 별이 빛나는 우주를 보면, 별은 준광속도로 로켓의 진행방향과 역방향으로 흘러 지나간다. 마치 기차의 창으로 보는 시골 풍경처럼 지나간다. 즉, 이 경우는 로켓이 정지하고 우주가 운동하고 있다고 생각한다. 별과 별의 거리는 지상에서 우리가 측정한 거리의 50분의 1로 로켓의 진행방향(앞뒤 방향)으로 단축되어 보인다. 지상에서 측정했을 때에 로켓의 진행방향으로 2500광년 먼 거리에 있던 별은, 지금은 겨우 50광년의 거리로 접근해 보인다.

로켓 안에 있는 우리는 로켓 안의 시계로 50년간 날아, 로켓에서 50광년 앞에 보일 별에 도달했다고 할 뿐이다. 이 보기처럼 지상에 있는 사람과 로켓 안의 승무원의 얘기를 따로따로 들으면 별로 이상한 점을 찾아볼 수 없다. 그런데 앞에서 물체의 길이가 단축돼서 보인다고 한 것은 알기 쉽게 얘기하기 위해서였고, 정확하게 말하면 공간이 단축된다.

공간이 단축되면 물질을 만들고 있는 원자, 원자핵, 전자, 전자기장 등 모든 것이 일정하게 단축된다. 또 원자간 거리, 별 사이의 거리도 일정하게 단축된다. 여러 번 얘기한 준광속도 로켓의 길이는 지구상의 사람이 보면 그 진행 방향으로 50분의 1의 길이로 단축되어 보이며 승무원의 몸도 진행 방향으로 단축

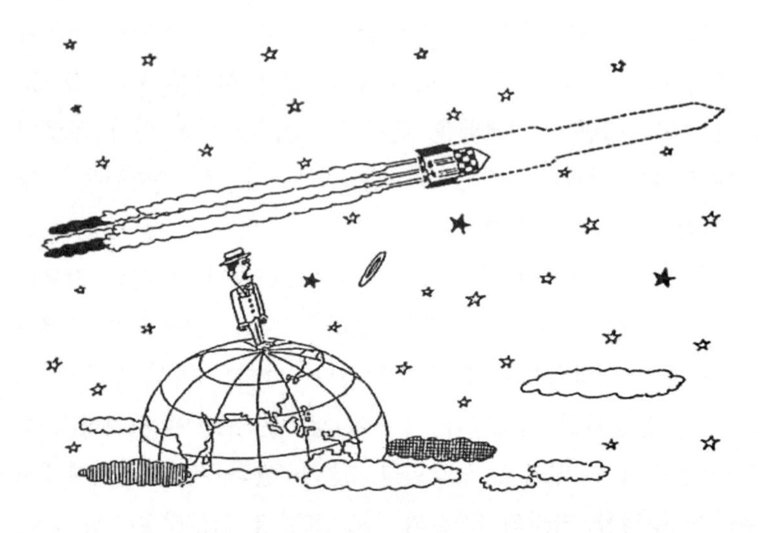

〈그림 36〉 로켓이 빛의 속도에 가까워지면 로켓의 길이가 50분의 1로 줄어들어 보인다

되어 보인다(〈그림 36〉 참조). 만약 이런 단축이 물질에 대해서 물리학적인 힘으로 일어난다면, 지구상의 사람은 로켓이 짓눌리고 그 승무원도 짓눌려 죽게 되는 광경을 보게 된다. 그런 광경을 볼 수 없는 이유는 로켓의 단축이 공간 자체의 단축에 의한 것이기 때문이다.

다음에 광속도불변의 원리에서 예상한 초속 29만 ㎞의 자동차의 운전사가 본 불가사의한 현상을 특수 상대성이론으로 설명해 보자. 이 실험 때 지상에 선 사람과 운전사의 얘기 중에 하나의 가정이 있는 것을 알았을 것이다. 그 가정이란 운전사가 잰 시간과 공간은 지상에 있는 사람이 잰 것과 동일하다는 것이다. 이 경우에도 지상에 서 있는 사람(정지하고 있는 사람)이 보는 시간, 공간과 운전사(운동하고 있는 사람)이 보는 시간과 공간을 별도로 생각할 필요가 있다.

지상에 서 있는 사람이 보면 자기 시계가 100만 분의 1초 경과했을 때 지상에 있는 사람이 보아서 운전사의 시계는 100만 분의 1초는 경과하지 않고 있다. 또 운전사가 보아 자기 시계가 100만 분의 1초 지났을 때, 운전사가 봐서 지상에 있는 사람의 시계는 100만 분의 1초가 지나지 않는다. 따라서 지상에 있는 사람의 얘기와 운전사 얘기가 상식적으로 모순된다고 생각되는 착오가 생긴다.

걷고 있는 사람의 시계는 늦게 간다―뫼스바우어의 실험 결과

특수 상대성이론에 의한 시간의 지연은 광속도에 가까운 속도인 경우 뚜렷이 나타난다. 물체의 속도가 느릴 때 비율은 거의 1과 같다. 예를 들면, 원래 우주로켓의 속도 정도로는 1이라 해도 지장 없다. 말할 것도 없이 시간뿐만 아니고 길이, 질량에 대해서도 같다. 저속도(低速度)의 경우라도 이것들이 각각 단축되고, 무거워지고, 느려지고 있는 것을 확인해 보는 방법은 없을까?

시간에 관해서는 독일의 뫼스바우어(Rudolf Ludwig Mossbauer, 1961년 노벨물리학 수상자)에 의해서 그 방법이 발견되었다. 아주 획기적인 방법이다. 실험실 안에서 1000만 분의 1의 1000만 분의 1초의 시간의 지연도 비교적 간단하게 검출할 수 있다.

1960년, 필자가 미국에 취재 중에 있을 때 뫼스바우어의 발견은 물리학자들의 관심의 초점이 되고 있었다. 필자도 뫼스바우어의 강연을 두 번 들을 기회를 가졌는데 강연장은 초만원이었다. 뫼스바우어의 방법을 간단하게 설명하겠다.

보통 원자핵에는 들뜬상태(Exited State)와 바닥상태(Ground State)가 있다. 들뜬상태는 핵자(원자핵을 구성하는 기본입자)의 운동이 활발해진 상태이다. 이 상태로 만드는 데는 원자핵을 소립자로 때리면 된다. 들뜬상태의 원자핵은 감마선이라는 매우 파장이 짧은 빛을 내고 다시 바닥상태로 되돌아간다. 바닥상태는 원자핵의 가장 안정된 상태로서 더 이상 아무것도 방출되지 않는다. 그런데 들뜬상태의 핵에서 방출된 감마선은 같은 종류인 원자의 바닥상태의 핵에 의해 매우 잘 흡수되는 성질이 있다. 이 현상을 〈핵공명 흡수〉라고 부른다. 뫼스바우어의 미세한 시간 측정방법은 이 핵공명 흡수를 이용한 것이다.

핵공명 흡수를 어떻게 이용했을까? 지금 들뜬상태의 원자핵을 운동물체 안에 둔다. 이것을 정지하고 있는 사람이 보면 특수 상대성이론에 의해 운동물체 안의 시간 경과가 늦어지고 있을 것이다. 그 물체 속의 원자핵 안의 시간 경과도 늦어진다. 그 핵 안에서 방출되는 감마선의 진동수는 시간의 지연 때문에 감소하고 있을 것이다. 진동수와 파장은 반비례하므로 이것은 감마선의 파장이 길어졌다는 것이다.

감마선의 파장이 아주 미세하게 변화해도 그 감마선은 바닥상태인 같은 종류의 핵에 흡수되기 어렵게 된다. 파장의 변화가 클수록 점점 흡수되는 비율이 감소한다. 이것을 거꾸로 이용하여 방출된 감마선이 정지 물체 중의 바닥상태의 핵에 흡수되는 비율의 측정으로 그 감마선의 파장의 변화의 크기를 알고 거기에서 운동 물체 중의 시간의 지연을 알 수 있다.

구체적인 방법의 보기는 다음과 같다. 실험실 내에서 바퀴가

〈그림 37〉 뫼스바우어의 실험 결과. 걷고 있는 사람의 시계는 어떤 시계로도 잴 수 없을 만큼 시간이 늦게 간다

달린 상자 안에 들뜬상태의 원자핵을 포함하는 물질을 두고 사람이 달리는 정도의 속도로 움직인다. 그 상자 안의 원자핵에서 나오는 감마선을 실험실 내에 정지 상태로 놓아둔 같은 종류의 원자핵을 가지고 있는 물질의 층에 통과시켜서 그 물질에 의한 감마선의 흡수율을 계수관(방사선의 입자를 검출하거나 입자 하나하나를 세는 장치)을 사용해서 측정한다.

이 방법으로 상자의 속도를 여러 가지로 바꿔보아 속도의 크기와 관계되는 시간 경과의 지연이 특수 상대성이론으로 예상되는 지연과 아주 잘 일치하는 것이 확인되었다. 이 실험 결과를 극단적으로 표현하면, 걷고 있는 사람의 손목시계는 움직이지 않는 사람의 시계보다 바늘이 늦게 간다(〈그림 37〉 참조).

전자가 광속도로 날면 지구보다 무거워진다

특수 상대성이론을 더 깊이 이해하기 위해서 운동하는 물체는 그 질량이 증가한다는 것을 우주선을 보기로 들어 수량적(數量的)으로 설명하겠다. 현재까지 1차 우주선 중에서 찾아낸 최고에너지의 양성자의 에너지는 10^{19}전자볼트이다. 이 에너지의 값은 그 우주선이 대기 중에 들어와 일으키는 현상에서 추정한 것이다. 이 양성자가 정지하고 있을 때에 비해서 얼마나 무거워졌는가를 특수 상대성이론의 식에서 계산하면 약 100억 배나 무거워진다. 질량이 100억 배 무거워지면 그 속도가 얼마라는 것이, 또 특수 상대성이론으로 계산할 수 있다. 그 속도는 광속도의 0.999…95(0 다음에 9가 20개 붙는다)배에 달한다.

거꾸로 특수 상대성이론으로 속도에서 질량의 증가를 계산할 수도 있다. 그 계산에 의하면 입자의 속도가 광속도에 한없이 가까워지면, 그 질량은 한없이 커지는 것을 알 수 있다. 가령 가벼운 소립자인 전자를 광속도의 0.999999…9(0 다음에 9가 110개 붙는다)배까지 빨리 날리면 질량은 지구의 질량과 같아진다. 눈에 보이지 않는 1조 분의 1㎜의 크기를 가진 전자가 지구와 같은 무게가 될 수 있는 것이다. 만약 그런 전자가 우주선(매우 높은 에너지의 입자선)이 되어 지구에 날아오면 어떤 일이 생길까?

태양은 언제나 빛나고 하늘에 아무런 이변도 볼 수 없는 평화로운 어느 날, 갑자기 지구는 단숨에 깨져서 우주 먼지가 되어 날아가 버릴 것이다. 그야말로 완전범죄다. 가령 가까운 천체에서 누가 그것을 관찰하고 있었다고 해도 원인을 알 수 없을 것이다. 그러나 현실적으로 우주선 입자의 속도는 그렇게 빨라지지 못하므로 그런 염려는 없다.

3. 지구의 인력에 의한 시간의 지연

제창자 아인슈타인도 이해하지 못한 〈일반 상대성이론〉

특수 상대성이론은 등속도운동의 경우에만 한해서 생각한 것이다. 아인슈타인은 10년간의 노력 끝에 특수 상대성이론을 가속도운동의 경우에도 성립하도록 확장해서, 그것을 1915년에 일반 상대성이론으로 발표하였다.

일반 상대성이론은 비유클리드기하학 중의 리만*기하학(휜 3차원 및 고차원의 공간을 표시하는 기하학)을 사용했다. 그것은 고도의 추상수학이다. 그 때문에 발표된 무렵에 리만기하학을 써서 증명한 일반 상대성이론을 이해할 수 있었던 사람은 세계에서 약 열 사람밖에 없었을 것이라고 했다. 아인슈타인 스스로도 이해하지 못하는 게 아닌가 했다. 그 까닭은 이 이론의 수학적 부분은 그와 협력한 수학자가 푼 것이었기 때문이다.

일본에서는 이시하라 준 박사(1881~1947)가 아인슈타인처럼 특수 상대성이론의 일반화에 노력하였으나 성공하지 못했다. 그 원인은 수학자를 잘 이용하지 않았기 때문이라고 한다. 일반 상대성이론은 물리학에서의 수학의 위력을 유감없이 보여주었다.

아인슈타인에 의하면 물리학에서 수학이 아무리 위력이 있다고 해도 그것은 단순한 도구에 지나지 않는다. 물리학에서는

---

*역자 주: George Friedrich Riemann, 1826~1866

수학을 도구로 사용하는 주체인 물리학적 발상이 중요하기 때문이다. 여기서는 난해한 수식은 생략하여 일반 상대성이론의 발상을 설명하겠다.

일반 상대성이론에서는 가속도운동의 경우에 어떤 물리학적 현상이 일어난다고 생각했을까? 아인슈타인은 리만기하학을 써서 설명하였으나 여기서는 우주정거장(Space Station)의 이야기로 설명하겠다.

우주정거장은 상대성이론의 실험실

우주여행의 중계(中繼)기지로서 대규모의 인공위성이 만들어진다. 이것이 우주정거장이다. 인공위성은 지구 주위를 공전하고 있다. 원운동은 가속도운동이다. 그러나 인공위성에는 원운동에 의해서 생기는 원심력과 지구 인력의 두 가지 힘이 작용하여 서로 상쇄된다. 그래서 인공위성은 무중력 상태가 되어 있다. 우주정거장도 같은 상태이다.

우주정거장에 많은 승무원이 장기간 살기 위해서는 무중력 상태로는 곤란하다. 우주정거장은 링(Ring) 모양으로 되어 있고, 링이 일정한 속도로 자전(천체가 스스로 고정된 축을 중심으로 회전)한다. 그러면 원심력이 작용하여 승무원은 링의 바깥 면을 바닥으로 하고 설 수 있다. 원심력이란 상식적으로 이해하기 어렵지만 자전에 의한 가속도운동에 의해서 일어나는 것이다. 링 안의 승무원은 만약 그가 서 있는 링 바닥의 일부분이 떨어져 나가면 접선방향(반지름에 직각인 방향)으로 링 밖으로 날아가 버린다. 마치 작은 돌멩이를 실에 매서 휘둘렀을 때, 실이 끊어지면 돌이 실의 직각방향으로 날아가는 것과 같다. 이것에 의해

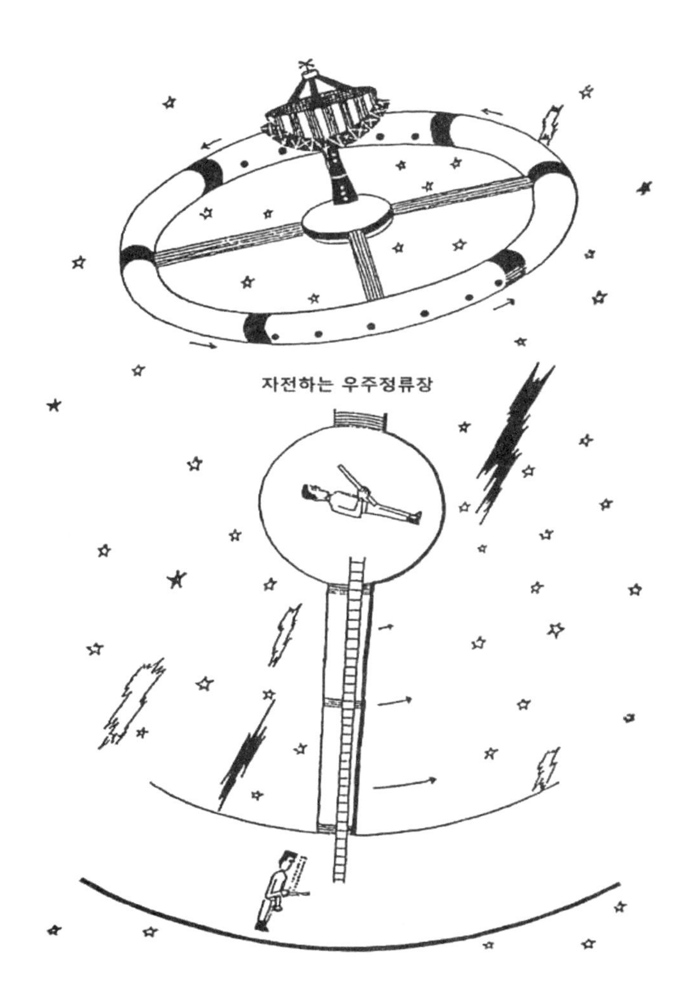

〈그림 38〉 우주정류장 안은 무중력 상태가 되므로 링을 일정한 속도로 회전시켜 원심력을 이용하여 중력을 만든다. 그러면 원주의 방향에 따라 공간이 줄어든다. 그 응축은 우주정류장의 중심부에서 바깥 둘레 쪽으로 감에 따라 커진다. 일반 상대성이론은 공간이 이렇게 휘어 있는 것을 생각하는 이론이다

링 바닥이 링 중심을 향해서 승무원이 밖으로 튀어나가지 않도록 속도를 가하는 운동, 즉 가속도운동을 하고 있는 것을 알 수 있다.

〈그림 38〉과 같이 링 바깥 면을 바닥으로 해서 서 있는 승무원이 자를 링의 원주 방향으로 향하게 잡았다고 하자. 링은 회전운동을 하고 있으므로 승무원이 있는 곳은 중심 방향으로 가속도운동을 하고 있다. 그러나 원주 방향으로는 순간적으로 등속도운동을 하고 있다고 생각할 수 있다.

이 자를 우주정거장의 중심과 같은 속도, 같은 방향으로 날고 있는 로켓에서 보았을 때 그런 운동을 하고 있는 로켓은 우주정거장의 중심에 대해서 상대적으로 정지하고 있다고 말할 수 있다. 특수 상대성이론에 의하여 로켓을 탄 사람에게는 우주정거장의 자가 원주방향으로 단축돼서 보인다. 또 우주정거장의 승무원 옆에 시계가 있다면 그 시곗바늘은 로켓에 탄 사람의 시곗바늘보다 조금 늦게 간다.

다음으로, 우주정거장의 승무원이 자를 링의 중심 방향으로 돌렸다고 하자. 그것을 로켓에 탄 사람이 보면 자는 중심 방향으로는 운동하고 있지 않으므로 단축되어 보이지 않는다. 승무원이 사다리를 타고 링의 중심부로 갈 때 그 도중에서 자를 원주 방향으로 내보이면, 자는 앞의 경우만큼 단축돼서 보이지 않는다. 중심 부분으로 갈수록 접선방향의 속도가 늦어지기 때문이다.

이상의 관측에 의해 정지하고 있는 사람은 우주정거장 안의 공간은 원주 방향으로는 바깥 둘레로 갈수록 더 단축되고, 지름 방향으로는 단축되지 않는 것을 알 수 있다. 위치와 방향에 따라 단축되는 크기가 다른 것은 공간이 휘었기 때문이라고 판단할 수 있다.

앞에서 얘기한대로 회전운동은 가령 일정한 속도의 회전이라도 가속도운동이다. 그러므로 이 얘기는 가속도운동을 하고 있는 우주정거장 안에서는 공간이 휘고 시간의 경과가 늦는 것을 보여주고 있다.

만유인력은 공간을 휘게 한다

아인슈타인은 가속도운동과 만유인력은 같은 것이라고 생각했다. 그 까닭은 다음과 같은 이유 때문이다.

우리가 기차를 탄 경우를 상상해 보자. 기차가 등속도로 달리고 있을 때는 창밖을 보지 않으면 기차가 움직이고 있는지, 서 있는지 잘 모른다. 갑자기 출발할 때 우리는 뒤로 넘어질 것 같다. 반대로 갑자기 정거하면 앞으로 넘어질 것 같다. 그것은 마치 누가 밀었을 때와 똑같이 느껴진다. 또 엘리베이터를 타고 갑자기 상승하면 우리는 바닥 쪽으로 몰리는 것 같이, 또 갑자기 내려갈 때는 하늘로 뜰 것 같이 느낀다.

이런 현상이 일어나는 이유는 뉴턴의 운동의 법칙으로 쉽게 설명된다. 뉴턴의 법칙에 의하면 물체는 현상을 유지하려는 성질(관성)을 가지고 있다. 즉, 정지하고 있는 물체는 언제까지나 정지하려고 하며, 움직이는 물체는 언제까지 등속도운동을 하려고 한다. 가속도운동을 하는 기차 및 엘리베이터 안의 사람은 현상유지를 하려는데, 타고 있는 기차의 가속도운동으로 억지로 움직이게 된다. 그 때문에 타고 있는 기차 안에서는 사람을 기차와 함께 가속도운동 시키려는 힘이 기차나 엘리베이터

<그림 39> 인간로켓의 비행사는 발사 때, 바닥에 세게 몰린다. 이 가속운동에 의한 힘과 만유인력은 같은 것이다

안에서 미는 힘으로 나타난다. 아인슈타인은 이 힘이 만유인력에 의한 힘과 물리적으로 같은 성질의 힘이라고 생각했다.

<그림 39>처럼 인공위성이 발사될 때 위성 안의 비행사는 위성의 상승 가속도운동 때문에 바닥에 끌리게 된다. 그때 비행사는 지구의 중력이 강해진 것과 똑같이 느끼게 된다. 가속도운동에 의한 힘과 만유인력이 같은 것이라는 생각에서 아인슈타인은

한 발 더 나아가서 등가원리를 생각해 냈다. 등가원리란 다음과 같다.

「만유인력장에서 일어나는 모든 물리학적 현상은 가속도운동을 하고 있는 상자 안에서 일어나고 있는 모든 물리학적 현상과 같다」

이 등가원리에서 만유인력장에서는 공간이 휘고 시간의 경과가 지연된다는 현상이 일어나는 것을 생각할 수 있다. 예를 들면, 지구 둘레의 공간은 지구의 인력에 의해 휘어진다는 것이다. 등가원리에 바탕을 둔 이런 만유인력장의 물리학적 현상의 설명이 일반 상대성이론이다. 우주정거장 안의 공간이 휘어진 것은 특수 상대성이론에서 대략 추측이 된다. 그럼 지구 둘레의 공간은 어떻게 휘었을까? 그것은 일반 상대성이론의 수학적 표현(앞에서 설명한 리만기하학에 의한 표현) 외에는 달리 나타낼 수 없다.

뉴턴이 설명하지 못한 천체 현상의 수수께끼

앞에서 설명한 아인슈타인의 우주공간이 휘었다는 생각은 일반 상대성이론에서 나온 것이다. 그는 별의 만유인력이 그 주위 공간을 국소적으로 휘게 하고 있으므로, 많은 별이 존재하는 우주공간은 전체적으로 크게 휘었을 것이라고 생각했다. 또 아인슈타인은 만유인력이 공간을 휘게 하는 것에서 거꾸로 만유인력에 의한 행성의 운동 등을 휜 공간을 이용해서 설명하였다. 그 방법으로 뉴턴의 만유인력으로 설명할 수 없었던 천체 현상(天體現想)의 수수께끼를 풀었다.

뉴턴의 만유인력은 「질량을 가진 모든 물체 간에 두 물체의 질

〈그림 40〉「질량을 갖는 모든 물체 간에 두 물체의 곱에 비례하고 그 거리의 제곱에 반비례하는 힘이 작용한다」 뉴턴의 만유인력법칙

량의 곱에 비례하고, 그 거리의 제곱에 반비례하는 인력이 작용한다」라는 것이었다(〈그림 40〉 참조). 뉴턴은 모든 질량을 가진 물체 간에 작용하는 힘이라는 뜻에서 그 인력을 만유인력이라 불렀다. 뉴턴의 만유인력은 그 무렵에 알려진 행성의 운동에 관한 모든 천체현상을 완전히 해명하는 데 성공하였다. 따라서 그것은 지구상에서 뿐만 아니라, 우주의 진리에도 통하는 것이라고 믿어졌다.

예를 들면, 그 무렵에는 전혀 알지 못하는 존재였던 해왕성의 존재가 만유인력의 이론으로 예언되었다. 그리고 1846년 예언된 위치에서 해왕성이 발견된 것은 잘 알려진 이야기이다. 이것은 뉴턴의 만유인력의 위대한 성과였다고 하겠다.

그러나 뉴턴의 만유인력으로 설명할 수 없는 수수께끼의 천체현상이 하나 있었다. 그것은 수성 근일점의 이동(전진)이라는 현상이었다. 수성(태양에 가장 가까운 행성)이 태양의 주위를 1공전하는 사이에 태양에 가장 가까이 가는 위치가 1공전마다 조금씩 이동하는 현상이다.

그럼 뉴턴의 만유인력 이론과 아인슈타인의 이론과는 본질적으로 어떻게 다를까?

뉴턴의 이론은 두 물체 간에 만유인력이 무한한 속도로 전파되는 것이라고 생각한다. 이것을 〈힘의 직달설(直達說)〉이라고 한다. 뉴턴도 실은 이 생각에는 의문을 갖고 있었다. 그는 단지 신이 만든 법칙을 찾아낼 뿐, 그 이상의 것은 신의 영역에 속하는 것이지 자기가 관여할 일이 못 된다고 믿었다.

여기에 대해 아인슈타인의 만유인력은, 두 물체 간에 작용하는 데 시간이 걸린다고 했다. 만유인력으로 공간이 휘기 때문이다. 공간이 휘었기 때문에 전달되는 데 시간이 걸린다. 그리고 그 전해지는 속도가 광속도와 같다고 생각했다. 이것이 만유인력이 전달되는 속도이다. 이 생각을 〈힘의 매달설(媒達說)〉이라 한다.

직달설에 의하면, 행성이 태양의 주위를 돌거나 정지하고 있어도 행성의 운동에 관계없이 태양과 행성 간에 작용하는 만유인력의 세기는 단지 두 물체 간의 거리만으로 결정된다.

매달설에 의하면, 공간이 휘었기 때문에 전달에 시간이 걸리므로 만유인력의 세기는 두 물체간의 거리만으로 결정되는 것이 아니고, 두 물체 간의 상대속도(한쪽에 대한 상대방의 속도)가 영향을 미친다. 따라서 뉴턴의 만유인력으로 계산한 수성의 공전궤도와 아인슈타인의 계산은 조금 다르다. 그 차이란 뉴턴의 이론에 의하면 수성 근일점은 이동하지 않지만, 아인슈타인의 이론으로는 이동한다는 것이다. 수성에 한하지 않고 모든 행성의 근일점은 이동하고 있다. 그런데 왜 수성만 문제가 되었을까? 그것은 근일점의 이동은 태양에 가장 가까운, 바꿔 말하면 태양의 만유인력이 가장 강한 곳에 있는 수성에 가장 뚜렷하게 나타나기 때문이다.

수성 근일점의 이동은 뉴턴의 만유인력보다도 아인슈타인의 이론이 옳다는 것을 보여주었다. 또 아인슈타인의 이론이 옳다는 것은 만유인력장에서 빛의 진로가 휘어지는 현상으로도 실증된다. 태양의 근처를 통과하는 별빛이 태양의 만유인력으로 조금 휘어지는 것이 관측되었다. 이것은 태양 부근의 공간이 국소적으로 세게 휘어져 있기 때문이라고 해석되고 있다.

한 가지 주의해 두고 싶은 것은, 앞에서 얘기한 우주공간이 관측결과 휘어져 있지 않다는 것과 이 만유인력에 의해서 공간이 휘었다는 것과는 모순이 되지 않는가 하는 문제이다. 이것은 모순되지 않는다. 태양과 별 주위의 공간이 부분적으로 휘었어도 우주 전체의 공간은 아인슈타인이 생각한 것 같이, 반드시 휠 필요가 없기 때문이다.

예를 들면, 한 장의 평면으로 된 함석(표면에 아연을 도금한 얇은 철판, 지붕을 이거나 양동이나 대야를 만드는 데 쓴다)을 생각해 보자. 이 판을 망치로 때려서 군데군데 부분적으로 휘게 할 수 있다. 그런데 판 전체는 휘지 않을 수 있고 원통상으로 휠 수도 있다. 별 주위의 공간에 국소적으로 휜 것이 모여 우주공간 전체가 플러스로 휘었다는, 앞에서 이야기한 아인슈타인의 우주론에는 일반 상대성이론 외에 어떤 가정이 포함되어 있다.

따라서 실측한 결과 앞에서 얘기한 것처럼 우주공간이 전체로서 보이는 범위 안에서 플러스로 휘어 있지 않아도 일반 상대성이론과는 모순되지 않는다.

1층에 사는 사람은 4층에 사는 사람보다 오래 산다

만유인력에 의한 시간의 지연에 대해서 알아보자. 만유인력이 강할수록 시간이 뚜렷하게 늦어질 것이다. 이것은 앞에서 말한 뫼스바우어의 시간측정법으로 잴 수 있다. 여기서는 지구 인력장에서의 측정에 대해서 얘기하겠다.

예를 들면 아파트의 4층보다 1층에 사는 쪽이 아주 작은 차이지만 지구인력의 세기가 크다. 아인슈타인의 이론에 의하면 4층에서의 시간이 1층보다도 지구인력이 작기 때문에, 아주 작은 차이기는 하지만 시간이 빠르다. 그래서 뫼스바우어의 방법으로 4층과 1층의 시간의 차이를 측정하면 실제로 다르다는 것이 밝혀졌다. 따라서 4층에 사는 사람보다도 1층에 사는 사람이 오래 산다. 그러나 그 오래 사는 시간은 어떤 시계로라도 잴 수 없을 만큼 작은 차이다. 즉, 4층에서 1초 지났을 때 1층에서는 1초의 1000만 분의 1의 1000만 분의 1정도 덜 가는데 불과하다(〈그림 41〉 참조).

만일 우리의 시간 감각이 1000만 분의 1초의 1000만 분의 1쯤의 시간 지연을 느낄 만큼 예민하다면, 이만한 시간이 늦는 것도 생활에 큰 영향을 끼쳤을 것이다. 그러나 지금 우리에게는 아무런 영향이 없다.

이 사실은 종래의 물리학적 상식을 밑바탕부터 뒤엎었다는 점에 큰 의의가 있다. 즉, 아인슈타인은 상대성이론을 통해 우

〈그림 41〉 아파트에 살 때는 1층에 살아야 한다. 지구 인력의 영향으로 위로 갈수록 시간이 빨리 간다

리의 사상을 개혁했다. 그는 우리가 공리(公理: 수학이나 논리학 따위에서 증명이 없이 자명한 진리로 인정되며, 다른 명제를 증명하는 데 전제가 되는 원리)라고 믿고 있던 것도 바꿀 수 있다는 것을 실제로 보여주었다. 바꿔 말하면, 단순히 체계화된 이론이나 학설의 개혁이 아니고 우리의 사고 작용의 가장 기초가 되는 것을 개혁하였다. 인간의 역사에서 이만큼 큰 정신적 개혁은 없을 것이다.

그 때문에 아인슈타인 이후의 물리학자의 머리가 매우 유연해졌다. 거기에 관련해서 생각나는 것은 일본에서 상대성이론의 연구로 가장 유명했던 이시하라 준 박사의 일이다. 박사는 유연한 머리를 가진 분이었고 또 낭만주의자였다.

그것은 박사의 유명한 연애사건으로도 미루어 생각할 수 있다. 저자의 학창 시절에 박사는 노년인데도 불구하고 청년들처럼 사교댄스를 즐기는 모습을 가끔 보았다.

저자가 물리학에 흥미를 가지게 된 동기는 어릴 때 읽은 이시하라 박사가 쓴 상대성이론의 통속적 해설책 덕분이었다. 내용은 잘 이해할 수 없었으나, 그 이론이 갖는 신비성이 저자의 마음을 강하게 자극했던 것을 지금도 기억한다.

한편 도쿄 문리과대학(현 도쿄 교육대)의 도이 후돈 교수처럼 연구생활의 대부분을 상대성이론의 부정에 바친 사람도 있다. 저자도 이화학연구소(理化學硏究所)의 강연회에서 도이 박사의 상대성이론 부정의 강연을 들은 일이 있다. 외국의 물리학자 가운데도 상대성이론을 부정한 사람도 있다. 그러나 아인슈타인의 위대한 사상은 상대성이론과 더불어 현대물리학의 기초가 되었다.

4. 우주의 신비

용궁(龍宮)에서 돌아온 사람보다도 고독한 사람들

준광속도 로켓으로 날면 로켓 안의 50년 동안 지상에서 보아 2500광년의 거리를 날 수 있다고 앞에서 얘기했다. 그런데 이 얘기는 등속도운동인 경우에 대해 생각해 본 것이다. 물리학에서 말하는 등속도운동은 운동의 속도와 방향이 일정하다는 뜻이므로, 이 로켓의 얘기는 로켓이 일직선으로 날고 있는 경우이다. 그럼 로켓이 방향을 전환해서 지구로 되돌아오면 어떻게 될까? 로켓의 승무원은 지구 사람만큼 나이를 먹지 않았을까? 그렇지 않으면 지구 사람과 똑같이 나이를 먹었을까?

이것과 아주 비슷한 문제를 아인슈타인은 그의 「시계의 패러독스(Clock Paradox)」라는 논문에서 논하고 있다. 그 논문에 의하면 준광속 로켓으로 우주여행하고 다시 지구로 돌아오면 승무원의 수명은 실제로 지상에 있을 경우보다 길어진다. 따라서 승무원은 현대판 「용궁에서 돌아온 동화 속의 사람」이 된다. 옛날에 물고기를 따라 용궁에 간 누구는 즐거운 며칠을 지내고 집에 돌아왔다. 그러나 집에 돌아온 그가 본 것은 몇백년이나 지나 변해버린 세상이었다(〈그림 42〉 참조). 준광속도 로켓으로 우주여행을 하고 돌아온 승무원은 이것과 비슷한 일을 경험할 것으로 추정된다. 그럼 준광속도 로켓의 승무원이 어떤 경험을 하게 될지 상상해 보자.

미래의 어느 날 몇 사람의 비행사와 과학자를 실은 준광속도 우주로켓이 지구로부터 〈은하수〉 탐험 우주여행의 장도(중대한 사명이나 장한 뜻을 품고 떠나는 길)에 올랐다.

그들은 그들이 측정하는 로켓 안의 6개월이 지나면 은하계의 중심에 도달할 예정이었다. 그러기 위해서는 가령 지구에서 은하계 중심까지 등속도로 날아간다고 가정하고, 우주로켓의 속도는 광속도의 0.99999999995배 정도로 날아야 한다. 그들은 가는 도중에 여러 가지 나이의 별 사진을 찍을 수 있었다.

적색거성이라 불리는 별은 붉게 빛나며 태양의 100만 배의 부피로 부풀어 올라 있었다. 백색왜성은 지구 정도의 크기로서, 희끗한 보라색으로 빛나고, 그 인력은 지구 인력의 수천 배나 되는 것을 알았다. 또 적색의 나선상 꼬리를 끌고 회전하는 이중성(육안으로 볼 때, 두 개의 별이 우연히 같은 방향에 놓이거나 가까이 인접하여 있어서 하나처럼 보이는 별. 광학적 이중성과 물리적

〈그림 42〉 우주여행을 잘못 다녀오면 용궁에서 돌아온 꼴이 된다

이중성이 있다), 푸른 링을 가진 토성과 같은 푸른 별(Blue Stars) 등도 보인다. 그들에게 가장 무서운 존재는 중성자만으로 된 중성자성(중성자별)이었다. 지름이 겨우 20㎞쯤 되는 붉게 빛나는 별이지만 매우 경계가 필요한 것이었다. 만일 로켓이 접근하면, 그 별의 강력한 인력으로 끌려가기 때문이다.

로켓은 드디어 가장 무서운 존재를 발견하였다. 중성자성 표면에서의 인력은 실로 지구 인력의 2000억 배라고 추정되었다. 그 인력권 안에 들어가기 전에 로켓은 급히 방향 전환을 하였다. 이런 관측을 반복하면서 은하계의 중심까지 간 로켓은 천천히 방향을 전환하여 수많은 발견을 안고 귀로에 올라 무사히 지구로 돌아올 수 있었다. 그러나 지구상에서 그들이 본 것은 폐허의 거리였다. 사람의 모습은 어디서도 찾아볼 수 없었다.

그들은 영하 100℃에 가까운 극한과 매우 전염성이 강한 기괴한 바이러스(Virus)의 공격과 싸워야 했다. 지구상에서는 그들이 출발하고 나서 몇만 년이 지나간 것 같았다. 며칠 후 지구 위에서 최후의 인류인, 그들의 모습을 볼 수 없게 되었다. 단지 인류 최고의 발명품인 준광속도 로켓만이 홀로 서 있었다.

두께 1m 납의 벽을 꿰뚫는 수소원자

준광속도 로켓의 승무원의 경험은 이상과 같다고 상상된다. 그런데 현재 우리가 갖고 있는 과학기술로는 〈시계의 패러독스〉에 쓰여 있는 내용을 준광속도 로켓에 의한 실제의 우주여행으로 실증할 수 없다. 그 까닭은 준광속도 로켓을 만들 기술적 가능성이 없다고 단언할 수 있기 때문이다. 이론적으로는 준광속도 로켓을 만들 수 있다. 그 이유는 우주선 가운데는 준광속도로 나는 소립자가 있기 때문이다. 물체는 궁극적으로는 소립자로 만들어진 것이다. 소립자가 준광속도로 날 수 있다면 이론적으로는 준광속도로 날 수 있는 로켓도 만들 수 있다. 그러나 기술적으로는 매우 곤란한 여러 가지 문제가 있다. 그 중 가장 치명적인 것은 다음 두 가지다.

로켓을 광속도의 99%의 속도까지 가속하는 것은 원자력을 추진력으로 사용하면 기술적으로 가능하다고 추정되고 있다. 그렇게 생각할 수 있는 이유는 다음과 같다. 지상에 물체를 낙하시키면 그 낙하속도가 물체의 무게에 관계없이 매초 초속 980㎝씩 빨라진다. 이 가속도의 크기를 g라는 기호로 표시한다. 로켓을 1년간 연속적으로 g의 가속도로 가속하면 로켓의 속도는 1년 후에 광속도의 99%가 된다. 이 정도까지는 질량의

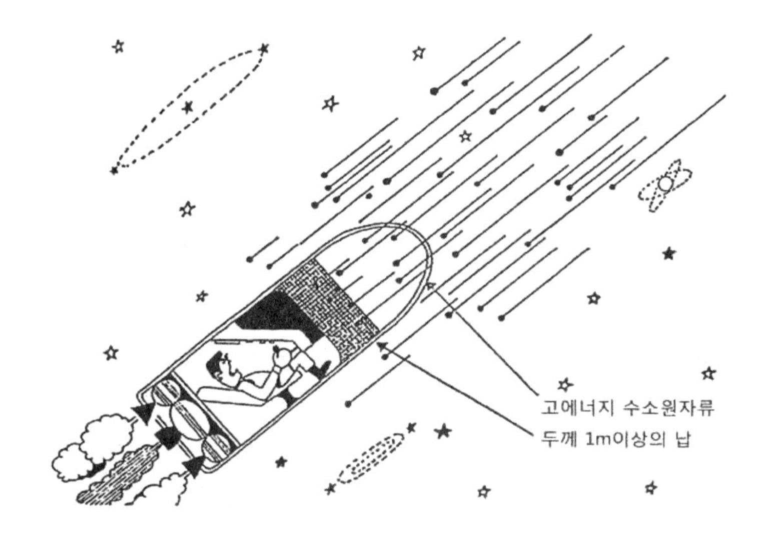

〈그림 43〉 로케트가 빛의 속도의 90% 이상의 속도가 되면 우주공간을 헤메고 있는 수소원자는 두께 1m 이상의 납의 벽으로도 막을 수 없는 방사선이 된다

큰 증가는 없다. 10배가 될 뿐이다. 그러나 여기서 준광속도라고 말해 온 것은 이 정도보다 속도가 빠를 경우를 말한다. 그런데 이 이상의 속도인 때 일어나는 로켓의 질량 증가를 극복하여 로켓을 가속하는 데 필요한 추진력은 원자력으로는 불충분하다. 그러나 현재 우리는 원자력 이상으로 강력한 추진력을 발생시키는 방법을 모른다. 이것이 첫째의 어려움이다.

두 번째 어려움은 다음과 같다. 우주공간에는 극히 소량이지만 성간물질(星間物質: 별과 별 사이의 공간에 떠 있는 극히 희박한 물질. 성간 가스, 우주진, 유성 물질 따위가 있다)인 수소원자가 존재한다. 그 수는 1㎤ 당 1개 정도이다. 그런데 극히 미량인 우주공간 안의 수소원자가 비행사의 생명에 치명적인 존재가 된다. 그 까닭은 우주공간을 로켓이 준광속도로 날면 그 수소원자가 준광속도로 로켓의 벽에 충돌하게 되기 때문이다. 이런 준광속도로 날아오는 수소원자는 요컨대 일종의 방사선이다.

로켓의 속도가 광속도의 99%인 때라면 이 방사선은 두께 1m의 납으로 된 벽으로 대부분을 막아낼 수 있다. 그러나 광속도의 99% 이상의 속도가 되면 두께 1m의 납으로 만든 벽을 쉽게 관통할 만큼 강력해진다(〈그림 43〉 참조). 이 방사선으로부터 비행사의 목숨을 지키는 방법이 발견되지 않는 한, 두 번째 어려움도 치명적인 것이다.

이상은 준광속도 로켓의 기술적 가능성에 관한 얘기다. 그러나 그런 것이 실제로 만들어지지 않아도 앞에서 얘기한 것처럼 실험실 내에서 뫼스바우어의 방법에 의하여 가속도운동을 하고 있는 물체 내의 시간 지연을 조사할 수 있다. 이 방법을 써서 최근 미국에서 행해진 실험은 아직 얼마간 의문이 남아 있으나, 대략 〈시계의 패러독스〉가 옳다는 것을 보여주었다. 그러므로 현대판 용궁에서 돌아온 사람 얘기는 기술적인 어려움을 생각하지 않으면 충분히 과학적 근거가 있다고 하겠다.

우주에는 고등생물이 존재한다

우주여행 얘기가 나온 김에 우주인이 존재하는가, 않는가 하는 문제를 생각해 보자. 거기에 관련되어 생각나는 것이 비행접시(Flying Saucer)이다.

사람들은 비행접시가 고도의 과학기술을 가진 다른 천체에서 날아온 우주인의 우주선이라는 공상을 하였다. 그리고 다시 이

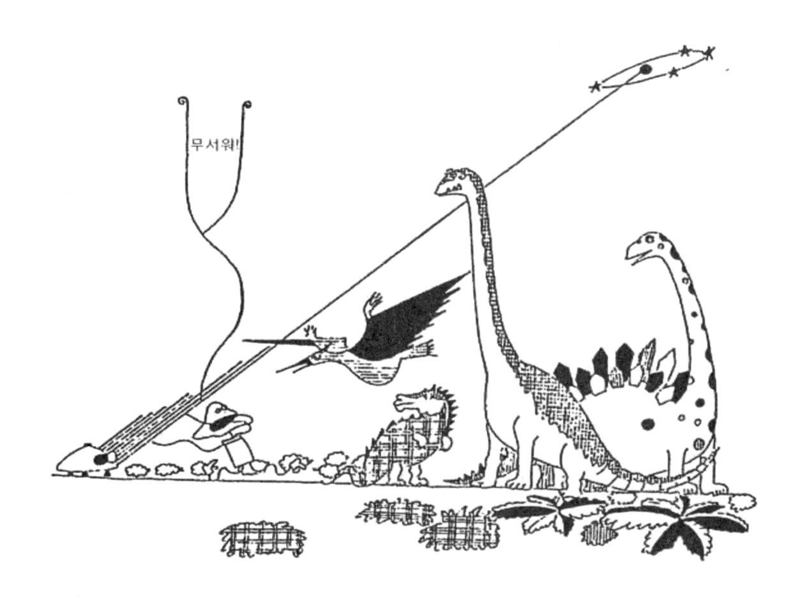

〈그림 44〉 우주인이 존재할 가능성은 충분히 있으나, 그 생존기간이 지구인과 일치하는 일은 드물다. 혹시 공룡시대에 지구를 방문했을지도 모른다

공상에는 많은 낭설(헛소문)이 붙어서 얘기를 흥미롭게 하고 있다. 그래서 미국 공군의 미확인 비행물체(Unidentified Flying Object: UFO) 연구계획은 이 비행접시의 문제를 과학적으로 검토하였다. 그리고 7,000건에 걸친 비행접시 보고서를 상세하게 과학적으로 조사하였으나 비행접시가 실재할 만한 증거를 얻을 수 없었다고 했다. 그러나 태양계를 탈출하여 은하계를 횡단할 정도의 우주여행도 원리적으로는 가능하다. 그래서 비행접시에 관한 다음과 같은 공상도 부정할 수 없다.

그 공상이란, 우리보다도 훨씬 고도의 과학기술을 가진 우주인이 현존한다면 그들은 준광속도 로켓을 이미 완성하였을지도 모른다. 과거에 그것을 운전하여 지구 주변까지 날아왔는지도 모른다(〈그림 44〉 참조). 즉, 비행접시는 우주인이 만든 준광속도 로켓일 수도 있다는 것이다. 그러나 이것은 어디까지나 단순한 공상에 불과하다. 여기서는 그런 공상을 발전시키는 것보다도 우주인의 존재여부에 대해서 과학자의 의견을 들어보자.

우주에 있는 별은 대략 두 종류로 나눠진다. 이중성과 다른 것은 단독으로 존재하는 것이다. 이중성이란 〈쌍둥이 태양〉 같은 것이다. 접근한 두 개의 태양이 서로 상대의 주위를 돌고 있다. 별의 전체의 40%가 이에 속한다. 그리고 나머지 약 60%가 단독으로 존재하는 별이다. 단독으로 존재하는 별의 약 60%가 우리 태양 같이 행성을 가지고 있다. 그리고 그런 별의 수는 은하계 안에서 약 500억 개 정도이다. 또 관측할 수 있는 우주 안에는 이런 종류의 별이 약 100억의 100억 배 개나 있다.

그만큼 많은 별이 태양과 같이 행성을 갖고 있다. 그리고 그 각각의 별이 몇 개의 행성을 데리고 있다. 따라서 은하계 내의 행성의 수는 500억 개의 몇 배나 된다. 그래서 이만큼 많은 행성 중에는 지구와 아주 비슷한 행성이 있을 가능성이 있다. 만약 그 가운데 지구와 아주 비슷한 행성이 있다고 하면 거기에도 고등생물이 존재할까? 과학자들은 그 가능성을 믿고 있다. 그 근거는 다음과 같다.

생명의 기원은 방사선인가?

지구 초기의 공기는 암모니아, 메탄, 수소, 수증기였다고 추정된다. 그런 공기를 인공적으로 만들어 그 공기를 방사성 원소에서 나는 방사선으로 장기간 조사(照射)한다. 그 까닭은 태양에서 빛뿐만 아니라 대략 방사성 원소에서 나온 방사선과 같은 작용을 하는 전자, 양성자, 감마선 등의 방사선이 지구에 쏟아지고 있기 때문이다. 방사선으로 조사(照射)한 뒤에 그 공기를 화학적으로 분석하면 그 공기 중에 여러 가지 유기화합물(탄소를 주성분으로 하는 화합물)이 생긴다. 특히 생물체를 만들고 있는 단백질의 소재가 되는 아미노산도 생긴다.

이렇게 방사선은 여러 가지 고분자 유기화합물을 만드는 작용이 있다. 이것으로 보아 오랜 세월이 흐르면 우연한 기회에 생명을 갖는 유기화합물이 만들어질 수 있을 것이라고 생각할 수 있다. 어떤 유기화합물이 생명을 가지게 될 것인지는, 현재까지 알려지지 않았다. 만일 그것을 알면 인공적으로 생물을 만들 수 있게 된다.

아무튼 이 실험 사실을 바탕으로 하여 과학자들은 다음과 같이 생각하고 있다.

「지구와 같은 공기를 가지며 약 50억 년 간 100℃보다 낮고,
0℃보다 높은 기온 범위에 있고,
자신이 소속하는 태양으로부터 방사선을 받고 있는 행성이 존재하면
거기에는 고등생물이 발생했을 것이다」

그럼 그렇게 발생할지도 모르는 생물 중에는 인간만큼 지적 수준이 높은 것이 존재할까? 과학자는 여기에 대한 결정적인 답은 준비하고 있지 않다. 그러나 행성의 수가 대단히 많으므로, 그중 어느 것엔가 극히 드문 일이 일어날 가능성은 충분히 있다고 믿어진다. 500억 개의 몇 배나 되는 은하계 행성 중에

서 적어도 하나쯤에는 우리와 같은 고등 생물이 발생한 가능성은 충분히 있다.

단지 현재에도 우주인이 생존하고 있는지 어떤지가 문제이다. 우주적 시간 규모로 볼 때, 지구인의 존재 기간은 일순간과도 같은 것이다. 특히 고도의 문명을 갖는 기간은 짧다. 그러므로 우리 인류의 생존기간과 우주인의 생존기간이 일치할 가능성은 극히 드물다고 생각된다.

우주인이 발신하는 전파를 찾는 미국의 오즈마 계획

현재 미국에 오즈마 계획(Ozma Plan)이라고 불리는 흥미로운 계획이 있다. 우주인의 존재를 조사하려는 것이다. 그 때문에 이 계획에 대해서 너무 공상적이라는 비판도 있는 것 같다. 오즈마 계획은 태양계 밖의 별에서 오는 전파에 우주인에 의해서 만들어진 인공전파가 섞여 있는지를 조사하는 것이다(〈그림 45〉 참조).

별의 표면이나 우주공간의 곳곳에서 전파가 발생하여 지구까지 이르고 있다. 천체현상으로 발생하는 전파와 인공전파는 전기적 성질이 다르다. 천체전파는 거의 연속적으로 각각 다른 전파의 모임인데 비해서, 인공전파는 특정한 파장의 전파라는 점이 다르다. 그래서 지구에 도착한 천체전파에 인공전파가 조금이라도 섞여 있으면 천문학자는 그것을 알아낼 수 있다.

예전의 천문학은 주로 별에서 오는 빛을 망원경으로 포착하여 우주의 구조를 연구하였다. 그러나 최근의 전자공학(일렉트로닉스)의 진보로 천문학자는 우주에서 오는 미약한 전파를 거대한 포물선면의 안테나로 잡아, 빛만으로는 알 수 없었던 우주

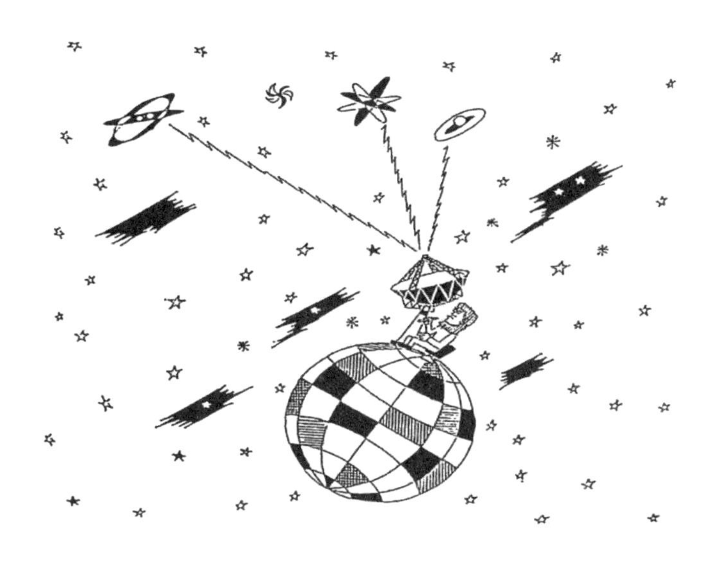

〈그림 45〉 미국의 과학자들은 우주인이 발신하는 전파를 잡으려고 전파망원경으로 관측을 계속하고 있다. 오즈마 계획

구조의 연구가 가능하게 되었다. 이 전파를 잡는 장치를 전파망원경이라 한다. 현재까지 제작된 최대의 전파망원경으로는 10광년 거리의 인공전파를 수신할 수 있다.

만약 지구에서 10광년 이내에 있는 행성에서 인공전파가 발사되고 있다면, 그것을 지상에 있는 전파망원경으로 포착할 수 있다. 이때 우주인이 고의로 지구를 향해서 인공전파를 발신하지 않아도, 우주인이 사용하고 있는 인공전파는 우주공간에 퍼져서 지구에도 도달할 것이다.

현재까지 오즈마 계획의 관측에 의하면 10광년 이내의 행성에서는 우주인이 발사하고 있는 인공전파는 지구에 도달하고 있지 않는 것 같다. 그러나 앞으로 현재의 것보다 더 큰 전파망원경이 만들어져서 100광년 이내의 행성으로부터, 우주인에 의한 인공전파를 포착하게 되면 행성에서 우주인이 발사하는 인공전파를 발견할 수 있을지도 모른다.

우주인의 존재는 우주에 관한 공상 중에서도 가장 환상적이다. 만약 우주인의 존재가 과학적으로 실증되면 우리의 인생관, 세계관까지도 달라지는 큰 발견이 될 것이다.

VI. 물질세계의 궁극을 좇아서

1. 전자현미경으로도 보이지 않는 것을 아는 방법

물질의 궁극에는 무엇이 있을까?

인류는 그 역사가 시작된 이래 줄곧 현재까지, 모든 자연 현상을 통일적으로 설명할 수 있는 궁극적인 것, 바꿔 말하면 소원물질(Primary Substance; Urstoff)을 탐구해 왔다.

이미 기원전 6세기에 탈레스는 「물은 모든 물체의 물질적 근원이다」라고 했고, 그로부터 약 2500년의 긴 탐구의 역사를 거쳐 드디어 인류는 소립자까지 도달했다. 앞에서 이미 전자, 양성자, 중성자, 광자, 중성미자, 파이(π)중간자, 뮤(μ)중간자 등을 소개했다. 이런 소립자가 과연 사람이 찾고 있던 소원물질일까? 소립자는 정말 극미의 세계의 궁극일까? 소립자보다 한 발자국 더 안쪽에 아직 무엇인가 존재하는 것이 아닐까? 그것을 밝히기 위해 소립자의 구조와 성질에 대해서 물리학자의 연구가 진행되고 있다. 이 문제에 대해 지금까지 어떤 것이 밝혀졌는지 알아보자.

먼저 물질 구성원으로서 중요한 존재인 양성자와 중성자를 알아보자. 이 두 가지 소립자는 원자핵을 구성하고 있다. 앞에서 얘기한대로 원자번호와 같은 수의 양성자와 그것과 거의 같은 수의 중성자가 결합하여 원자핵을 구성한다. 그래서 양성자와 중성자는 핵의 구성원이라는 뜻에서 핵자(核子)라고 불린다.

원자핵의 크기는 약 1조 분의 1㎜라고 한다. 그 존재는 현재 가장 분리능이 높은 전자현미경으로도 볼 수 없다. 그렇게 전자현미경으로도 볼 수 없는 작은 원자핵의 구조와 성질을 어떤 방법으로 알아낼 수 있을까?

그 방법을 크게 두 가지로 나눌 수 있다. 탄성충돌이라는 현상을 이용하는 방법과 비탄성충돌을 이용하는 방법이다.

예를 들면 보통 물체를 본다는 것은 광자가 그 물체의 표면에 충돌하여 튕겨나가는 현상을 눈으로 보는 것이다. 충돌에서 물체의 내부에 변화가 일어나지 않는 경우를 탄성충돌이라 한다. 전자현미경으로 보는 것도 이 현상을 보는 것이다. 다음에 설명하는 것처럼 전자현미경으로 볼 수 없는 극미의 세계를 보는 경우도 이 현상을 이용할 수 있다.

이에 반해 비탄성충돌은 물체가 충돌 때문에 내부변화를 일으키는 현상이다. 예를 들면 화학반응은 분자와 분자의 비탄성충돌이다. 또 별의 중심부에서 일어나고 있는 수소융합반응은 양성자와 양성자의 비탄성충돌이다. 극미의 세계를 알아내는 또 하나의 방법은 나중에 설명하는 것 같이 이 현상을 이용한다. 먼저 탄성충돌에 의한 방법을 알아보자.

전자현미경 등의 실험기술이 발달하지 않았던 1919년에 벌써 영국의 물리학자 러더퍼드(Rutherford, Ernest, 1871~1937)는 이 탄성충돌을 이용하여 원자핵의 존재와 크기를 실험적으로 밝혔다. 그 후 물리학자들은 러더퍼드가 알아낸 방법을 더 발전시켜 드디어 핵자의 내부구조까지 알아냈다. 먼저 그 방법의 원리를 얘기하겠다.

미스 인터내셔널을 전자계산기로 뽑는다

해마다 미국 롱비치(Long Beach)에서는 미스 인터내셔널 콘테스트(Miss International Contest)가 열린다. 1위가 된 어느 나라의 미인은, 예를 들면 신장 168㎝, 가슴둘레 91㎝, 허리

〈그림 46〉 극미의 세계를 조사하는 방법은 전자계산기로 미인 콘테스트를 하는 것과 같다

58㎝, 엉덩이 91㎝라고 신문에 발표된다. 건물, 기계의 크기, 무게의 숫자로 표시하는 것은 이상하지 않지만, 가장 시각(視覺)에 호소하는 미인의 모습을 그 몸의 일부분이지만 숫자로 표현한다는 것은 신기한 일이다. 장차 이 방법을 더 발전시켜 가면 미인 콘테스트의 심사를 기계가 할지도 모른다.

그 콘테스트 풍경은 대략 〈그림 46〉과 같을 것이다. 먼저 응모자는 한 사람씩 기계 앞에 선다. 기계는 얼굴 및 몸의 치수를 입체적으로 상세하게 몇 초 이내에 측정하여 기억한다. 이들 측정 데이터는 자동적으로 즉시 전자계산기에 입력된다. 전자계산기는 만약 인간이 계산하면 100년쯤 걸리는 많은 또는 어려운 계산을 몇 초 내에 끝마친다. 그리고 그 측정결과는 자동적으로 타자되어 곧 발표된다. 물론 측정 데이터에서 각 응모자의 득점수를 산출하기 위해서는 어떤 방정식이 필요하다.

아무리 기계화되어도 그 방정식만은 콘테스트 심사위원회의 의견에 따라 수학자가 작성해야 할 것이다. 그 방정식은 어떤 모양을 100점으로 하고 어떤 모양을 60점으로 하는 따위, 심사위원회의 미(美)의 표준을 수학적으로 표현한 것이다. 그리고 콘테스트의 경우 전자계산기 프로그래머는 전자계산기에 대해서 그 방정식에 따라 주어진 측정 데이터로부터 득점을 산출할 것을 지시한다. 이런 방법을 채용하면 가장 시각에 호소하는 미인콘테스트가 현대 과학기술의 응용으로 가장 정확하게 또 완전하게 진행될 것이다.

러더퍼드 이후의 물리학자들이 원자 이하인 극미 세계의 구조를 알아내는 방법은 고분리능 전자현미경 등으로 보는 방법이 아닌 이런 수학적 방법을 사용했다. 예를 들면, 원자를 조사하는 경우는 다음과 같이 한다.

먼저, 보려고 하는 원자를 포함한 물체에 파장이 아주 짧은 빛을 조사(照射)한다. 그 빛은 물질 속에 들어가 거기서 여러 가지 힘, 예를 들면 전기력 등의 작용을 받아 반사되어 나온다. 그 요소를 기계가 검출하여 숫자로 표현한다. 물리학자는 그 숫자(데이터)를 크기, 내부의 밀도 등의 원자의 구조를 표시하는 수치로 바꾸기 위해 전자계산기에 넣는다.

그때 미리 전자계산기에 계산법을 알려주는 연산방정식을 기억시킬 필요가 있다. 그 방정식은 물리학의 이론에서 유도된 것이다. 물체를 직접적으로 촬영해서 상(像)을 보는 대신에 여러 가지 측정값에서 계산에 의하여 상을 유도해 낼 수 있다.

이 방법으로 물리학자는 고체 내에서의 원자의 배열상태, 분자 내의 원자 배치도, 원자핵의 크기, 더 나아가서는 나중에 설명하는 것 같이 원자핵의 구성요소인 양성자, 중성자의 내부구조까지 알 수 있게 되었다. 그리고 이 방법은 극미의 세계를 알 수 있는 최상의 방법으로 생각된다.

TV 속에도 전자가속장치가 있다

그런데 이 방법을 쓸 경우 매우 중요한 일이 하나 있다. 그것은 현미경의 분리능에서 얘기한 것과 마찬가지 일이 이 방법의 경우에도 해당된다. 즉, 물체를 비추는 빛의 파장이 보려고 하는 물체의 크기보다도 작을(짧을) 것이 절대적으로 필요하다.

원자 정도 크기의 것을 조사할 경우에는 X선을 사용하면 충분하다. 그러나 원자핵 정도의 크기를 보는 경우에는 아주 파장이 짧은 파가 필요하게 된다. 그 파로서 전자파가 잘 사용된다. 앞에서 얘기한대로 드브로이의 물질파의 이론에 의하면 파장이 짧은 파는 에너지가 높은 입자에 부수되어 있다. 따라서 파장이 짧은 전자파를 만들기 위해서는 전자의 에너지를 높여야 한다. 그러기 위해서는 전자를 가속하면 된다. 모든 입자의 운동에너지는 그 입자 속도의 제곱에 비례하여 커지기 때문이다.

전자는 어떻게 가속시킬 수 있을까? 그 가속의 원리는 전자가 전기를 가지고 있는 것을 이용한다. 우리 주변에도 전자가속장치가 있으므로 예를 들어보자. 그것은 TV 브라운관의 넥(Neck)의 가는 부분에 들어가 있는 전자총(Electron Gun)이라 불리는 장치다. 이것은 실은 간단한 전자가속장치다(〈그림 47〉 참조). 전자총은 두 부분으로 구성된다. 필라멘트(Filament: 전류가 흐르는 가는 선)와 금속원통이다. 이 둘은 1㎝쯤 떨어지게 고

〈그림 47〉 TV 속에는 전자총이라고 불리는 전자가속장치가 있다

정되어 있다. 필라멘트는 직류 전원의 음극에, 원통은 양극에 연결되어 둘 사이에 15,000V 정도의 전압이 걸린다. 전류가 통하면 적열(쇠붙이 따위를 빨갛게 달굼. 또는 그렇게 달구어진 상태)된 필라멘트로부터 많은 전자가 튀어나간다. 그 전자는 열전자*(Thermo Electron)라고 불린다. 열전자는 필라멘트 안의 전자기체가 열에너지를 얻어 금속 밖으로 나온 것이다.

이 열전자 자체의 속도는 느리다. 그러나 열전자는 음전기를 가지고 있으므로 양극에 쉽게 흡인(빨아서 끌어당김)된다. 그리고 양극으로 향하여 가속도운동을 한다. 열전자가 양극에 도달했을 때는 광속도의 약 20%의 속도에 달한다. 그 가속된 열전자

*전자는 한 종류뿐이다. 광전자라든가 열전자라는 것은, 단지 그 발생 원인을 나타내기 위해 붙인 이름이다.

의 극히 일부분은 양극에 흡착되지만 대부분은 양극의 원통 안을 통과하여 반대 측으로 튀어나간다. 전기장 안에서 전자가 진행하는 길은 전기력이 작용하는 방향인 전력선으로 따라가기 때문이다. 여기서는 그 전력선의 대부분이 원통 속을 통과한다. 전자총이라는 이름은 전자가 튀어나오는 모양이 총에서 탄환이 발사되는 것과 비슷한 데서 이름을 붙인 것이다.

길이 3,200m의 기계로 극미의 소립자를 조사(照射)한다

전자를 더 고속으로 가속하는 방법도 원리적으로는 전자총과 같다. 전자총으로 가속하는 방법을 같은 전자에 몇 번이나 되풀이하는 것뿐이다. 되풀이하는 횟수가 많을수록 전자는 고에너지로 가속되어간다. 이 전자를 몇 번이라도 가속하는 장치는 이를테면 다단전자총이라고 할 수 있는 것으로 보통 선형가속기(Linear Accelerator)라고 불린다(〈그림 48〉 참조).

이 방법으로 전자의 속도를 광속도의 90% 정도까지 가속하는 데는 그다지 큰 장치를 필요로 하지 않는다. 그러나 그 정도의 속도로는 파장이 너무 길어서 원자핵을 볼 수 없다. 그래서 원자핵을 보기 위해 전자의 속도를 광속도에 아주 가깝게 할 필요가 있다. 그렇게 가속하게 되면 전자의 질량이 증가한다. 그 질량이 증가한 전자를 가속하기 위해서는 매우 큰 에너지가 필요하다. 그러므로 대단히 거대한 전자 가속장치가 필요하게 된다. 선형가속기가 직선상으로 길어지면 장소를 많이 차지하게 되고 그 제작비도 비싸진다. 그래서 전자를 원형궤도에 따라 가속하는 장치가 만들어졌다. 이것은 자기장이 전자의 궤도를 휘게 하는 작용을 이용한 것이다. 이것을 전자싱크로트론

〈그림 48〉 CERN의 선형가속기 [출처: Florian Hirzinger]

(Electron Synchrotron)이라고 부른다. 현재는 이 원형가속장치가 가장 많이 채용되고 있다. 동경 대학의 원자핵연구소에 설치된 전자가속장치는 10억 전자볼트의 고에너지전자류를 얻을 수 있다. 현재 가장 강력한 전자가속장치는 미국의 매사추세츠 공과대학(Massachusetts Institute of Technology: MIT)과 하버드대학(Harvard University)의 공동계획으로 만든 것이다. 그 장치는 지름이 80m나 되고, 60억 전자볼트의 전자 속도는 광속도의 0.999999996배에 달한다. 또 그 전자의 질량은 정지하고 있을 때의 12,000배의 무게가 된다.

이 장치로 전자를 가속하는 경우는 먼저 전자를 전자총에서 만든 것처럼 만들고, 선형가속기로 예비적으로 2500만 전자볼트까지 가속한다. 이때 전자의 속도는 이미 광속도의 0.9998배가 되어 있다. 다음에 이 전자는 유도파이프에 의하여 원의 둘레가 228m나 되는 링 모양의 고(高)진공파이프 안에 투입된다. 투입된 전자는 파이프 속을 파이프의 벽에 부딪치는 일 없이 원운동을 한다. 그 원운동을 잘 하게 하기 위해 파이프의 원주에 따라 다수의 전자석(電磁石)이 배열되어 있다.

이 원운동 하고 있는 전자를 가속하기 위해 파이프에 따라 16개의 고주파 가속장치가 있다. 이 가속장치는 전자를 가속하기 위하여 고전압을 전자에 작용시키는 구조로 되어 있다. 전자가 파이프 안을 일주하면 16개소에서 가속되어 60만 전자볼트의 에너지기 얻어진다. 이리하여 전자가 파이프 안을 10,000번 돌 때 60억 전자볼트의 에너지를 갖게 된다. 그런데 이 전자싱크로트론에는 한 가지 결점이 있다. 이 장치 안에서 전자는 원운동을 한다. 원운동이란 원의 중심으로 향하는 가속도운동이다. 가속도운동을 하는 입자는 몇 번이나 얘기한 것처럼 싱크로트론 방사선을 낸다. 그 때문에 전자의 가속능률이 내려간다. 싱크로트론 방사선이라는 이름은 싱크로트론에서 붙인 것이다.

이 결점을 없애기 위해 미국 스탠퍼드 대학(Stanford University)에서는 전자싱크로트론 대신에 길이가 약 3,200m나 되는 선형 전자가속기를 만들었다. 그 장치는 200억 전자볼트의 고에너지 전자류를 발생시킬 수 있도록 설계되어 있다. 이 장치에서 전자는 고진공(진공의 정도가 높은 상태. 보통 10^{-4}~10^{-1}파스칼을 가리킨다)으로 된 길이 3,200m의 파이프 속을 달린다. 파이프 속의 전자는 파이프에 길이에 따라 고주파 전자파가 흐르고, 전자는 그 전자파에 실려서 흘러 파이프의 출구에 도달할 때 200억 전자볼트의 에너지를 가지게 되어 있다. 파도를 타는 배와 같이 전자파의 파도에 실려 달리고 가속된다. 따라서 이 방법은 전자 총의 경우의 가속 방법과 다소 다르다고 할 수 있다.

200억 전자볼트의 전자의 속도는 광속도의 0.9999999996배에 달한다. 이 전자파의 파장은 약 10조 분의 1로, 아주 짧은 것이 된다. 그 크기는 양성자 및 중성자의 크기의 약 10분의 1이 된다. 이 전자파를 쓰면 양성자 등의 내부구조를 알 수 있다. 양성자, 중성자는 원자핵을 구성하는 기초적인 소립자라고 여겨진다. 그 소립자의 내부구조를 실제로 측정할 수 있게 된 것은 참으로 놀라운 일이다.

천문학자는 우주의 끝에서 오는 희미한 빛을 포착하려고 거대한 망원경을 만드는 데 열중한다. 이것은 상식적으로도 있을 수 있는 일이다. 그런데 원자물리학자가 한없이 작은 물건을 보려고 한없이 거대한 장치를 만드는 데 골몰하고 있다는 것은 매우 재미있는 일이 아닌가?

2. 극미의 세계에 거대한 힘이 있다

유카와 박사의 예언은 맞았다

고에너지전자를 사용하여 양성자나 중성자의 내부를 보고 무엇을 알게 되었을까? 이 방법을 써서 스탠퍼드 대학의 물리학자 호프스태터(Robert Hofstadter, 1915~1975)가 1956에서 1961년에 실험을 하여 양성자와 중성자 내부의 전자 구조를 밝혔다. 그는 이 공적으로 1961년 노벨물리학상을 받았다. 그가 결정한 양성자와 중성자의 내부구조는 다음과 같다.

양성자와 중성자는 각각 한 개씩의 심지와 그 심지를 둘러싼 구름으로 이루어졌다. 구름은 원형(圓形)으로 그 반지름이 약 1조 분의 14㎜(14×10^{-13}㎜)이다. 그 중 심지의 반지름은 구름 반지름의 약 1/3 이하다. 그리고 그 심지는 양성자, 중성자와 더불어 밀도가 높은 양전기의 덩어리이다. 이것을 둘러싸고 있는 구름이라 할지라도 양성자로 된 것과 중성자로 된 것으로 달라진다. 양성자의 구름은 양전기가 엷게 분포한 구름이고, 한편 중성자의 구름은 안쪽에 음전기, 바깥쪽에 양전기가 분포한 구름이다. 중성자에 대해서는 심지의 양전기와 구름 속에 있는 음전기와 양전기의 총계가 0으로 되어 있다. 따라서 중성자는 그 이름과 같이 겉보기에는 전기적 중성이다.

그럼 양성자와 중성자의 심지는 무엇을 표시하고, 그 심지를 싸고 있는 구름은 무엇을 나타낼까? 심지 쪽은 그 정체가 알려져 있지 않지만 바깥 둘레의 구름은 유카와 이론에 의하면 파이중간자로 만들어졌다고 해석된다. 중간자(Meson)라는 이름은 그 질량이 전자와 양성자 질량의 중간이라는 것을 뜻한다. 구름 속에서 파이중간자의 운동은 유카와 이론에 의하면 심지에서 파이중간자가 튀어나가거나 튀어 들어온다. 튀어나가거나 튀어 들어가는데 필요한 시간은 매우 짧고 10조 분의 1의 100억 분의 1초(10^{-23}초)라는 상상도 할 수 없는 짧은 시간이다. 그 구름 속에는 심지에서 튀어나간 중간자가 항상 두 개 정도 존재한다고 추정된다. 더 이상 상세한 것은 잘 알려져 있지 않다. 그리고 구름 속에서 파이중간자가 그리는 궤도는 핵외전자와 마찬가지로 알 수 없다.

핵자 안에 파이중간자가 존재하는 것은 유카와 히데키 박사에 의해서 이론적으로 추정되었다. 이 이론으로 유카와 박사는 1949년 노벨물리학상을 수상했다. 유카와 박사는 왜 파이중간자의 존재를 이론적으로 추정했을까? 그때까지의 여러 가지 실험 결과에서 핵자 사이에 작용하는 어떤 알지 못하는 힘이 존재한다고 생각되었다. 그것이 핵력(Nuclear Force)이다. 이 핵력이 어떻게 생기는가를 설명하기 위해 유카와 박사는 파이중간자의 존재를 생각했다.

원자폭탄의 에너지원(源)

핵력이란 어떤 것일까? 핵력의 뚜렷한 특징은 첫째로 아주 강한 힘이 있는 것이다. 그 핵력의 크기를 다른 힘의 크기와 비교해 보자. 예를 들면, 수증기가 물이 될 수 있는 것은 물의 분자 간에 분자력이 작용하고 물의 분자끼리 서로 흩어지지 않게 끌고 있기 때문이다. 핵력은 그 분자력의 100억의 1억 배나 강한 것이다. 또 양성자와 양성자가 접촉할 만큼 가까워지면 그 사이에 강한 전기적 반발력이 작용하지만, 핵력은 그 35배나 강하다. 또 이 경우에 두 개의 양성자간에는 전기력 이외에 만유인력이 작용하는데, 핵력은 그 만유인력의 10^{40}배(100억을 4번 곱한 수)나 강하다. 핵력끼리의 결합은 강한 외력(外力)을 가하지 않으면 무너지지 않는다.

핵력의 두 번째 특징은 핵자끼리 접촉할 만큼 가깝지 않으면 작용하지 않는 근거리력이다. 한 원자핵 안에서 핵자는 각각 이웃한 핵자끼리만 결합하고 있다. 하나 걸러 이웃 핵자와는 직접적으로 결합하지 못한다. 거기까지 핵력은 미치지 않는다.

원자핵의 구조는 많은 핵자가 이런 강한 핵력으로 서로 세게 결합하고 있는 핵자의 모임이다. 핵의 내부에서 핵자는 서로 세게 끌고 있는 상태에서 고속으로 날아다니고 있다. 그 낱낱의 핵자 운동에너지의 평균값은 약 2500만 전자볼트나 되고 그 속도는 광속도의 약 25%에 달한다.

지금 핵 안의 하나의 핵자를 보면 핵자는 고속도로 날아다니면서 나머지 핵자의 핵력의 속박에서 탈출하려고 하고 있다. 낱낱의 모든 핵자에 대해서 이렇다고 할 수 있다. 그래서 핵의 내부의 핵자의 운동 상태는 아주 복잡하다.

원자핵분열은 이렇게 일어난다

우리가 잘 알고 있는 원자폭탄은, 지금까지 얘기해 온 핵력의 성질을 이용하여 핵분열을 일으키게 한 것이다. 핵분열이란 어떻게 일어날까? 원자핵의 모양은 핵자 사이에 작용하는 강한 핵력에 의하여 물방울 같은 공 모양을 하고 있다. 이것이 8자 모양으로 되어 두 개로 분열하는 것이 핵분열이다. 먼저, 분열 이전의 원자핵에 대해서 알아보자. 공 모양인 원자핵 안의 양성자의 분포밀도는 바깥 둘레 쪽이 안쪽보다 조금 크다. 그 까닭은 양성자끼리, 그 전기적 반발력으로 되도록 서로 멀어지려 하고 있기 때문이다.

핵 안의 한 개의 양성자에 대해서 생각해 보자. 양성자는 핵 안의 모든 양성자로부터 전기적 반발력을 받고 있다. 그 반발력은 대략 핵 안의 양성자수에 비례하여 커진다. 그런데 그 양성자에 작용하고 있는 핵력은 근거리력이므로, 그 양성자의 이웃 핵자의 것뿐이다. 양성자 사이에 작용하는 결합력은 모든 양성자로부터의 전기적 반발력과 이웃한 핵자로부터의 핵력의 차이다. 그래서 무거운, 즉 양성자수가 많은 원자핵일수록 양성자 사이의 결합력이 약해지고 핵 전체가 불안정하게 된다.

또 중성자의 수도 핵의 안정성과 관계가 있다. 양성자의 수와 중성자의 수가 같을 때 핵은 가장 안정적이다. 또 핵자의 합계가 짝수일 때 홀수일 때보다 안정적이다. 또 그 합계가 클수록 불안정하다. 이 요소들이 겹쳐서 핵의 안정의 정도가 결정된다. 특히 안정도가 낮은 원자핵이 한번 8자형으로 되면 핵력의 밸런스를 잃고 두 개로 분열한다. 이런 까닭에 자연적으로 존재할 수 있는 원자는 양성자수 92인 우라늄까지이며, 그보다 무거운 원자는 자연적으로 존재하지 않는다.

원자의 화학적 성질은 핵 안의 양성자수로 정해지고 중성자수와는 관계없다. 그러므로 양성자수가 같고 중성자수가 다른 원자핵으로 된 몇 종류의 원자가 존재할 수 있다. 이 원자들은 각각 화학적 성질이 같고 질량만이 다르다. 이 원자들로 된 한 무리의 원소를 동위원소(Isotope)라고 한다. 동위원소는 그 원자의 질량으로 구별된다. 예를 들면 우라늄-235(^{235}U), 우라늄-238(^{238}U) 등이다. 이 숫자는 수소원자의 질량을 근사적으로 표시한 그 원자의 질량이다. 천연적인 우라늄의 대부분은 우라늄-238이다. 그러나 이 원자핵은 핵분열을 일으키는 데 그 불안정의 정도가 충분하지 않다. 그런데 우라늄-235의 원자핵은 그것보다 한층 불안정하므로 핵분열을 일으킬 때 그 원자핵을 사용한다.

원자핵을 8자형으로 만들려면 어떻게 하면 될까? 핵을 들뜬 상태로 하여 핵 전체를 진동시키면 된다. 앞에서 얘기한대로 원자핵에는 내부 핵자의 운동 상태에 의해서 두 가지 상태가 있다. 핵 안의 모든 핵자의 운동에너지 전체가 가장 낮은 상태와 그것보다 높은 상태이다. 앞의 상태를 바닥상태, 나중 것은 들뜬상태라고 한다. 핵은 평소에는 바닥상태에 있다. 이 핵을 바깥에서 양성자, 중성자 등으로 때리면〔조사(照射)하면〕 그들은 핵 안으로 들어가, 이 핵은 들뜬상태가 된다. 들뜬 상태가 되면 핵 안의 핵자의 운동에너지는 커진다. 그러나 이 상태는 오래 계속되지 않는다. 보통의 원자핵은 곧 감마선 또는 알파입자 또는 핵자 등을 방출하여 바닥상태로 되돌아간다.

우라늄-235를 들뜨게 하는 데는 그 원자핵을 중성자로 때린다. 그렇게 하면 감마선 등을 내고 바닥상태로 되돌아가지 않고, 곧 핵이 두 개로 분열한다. 그 분열한 핵의 파편이 큰 에너지를 가지고 튀어 흩어진다. 이 에너지가 원자력의 근원이 된다.

원자력은 왜 강력한가?

핵의 파편이 어떻게 큰 에너지를 가지게 될까? 앞에서 얘기한대로 핵력은 엄청나게 강한 힘이다. 우라늄-235의 핵 안에서는 그 강한 핵력에 거의 필적할 만한 강한 전기적 반발력이 양성자 간에 작용하고 있다. 우라늄-235의 핵은 바닥상태에서는 구형이지만 들뜬상태에서는 핵 전체가 진동하여 8자형이 된다. 그렇게 되면 8자의 양쪽 덩어리 사이에는 거의 핵력이 작용하지 않고 전기적 반발력만이 작용한다. 그 반발력 때문에 8자형의 가운데가 끊어져서 두 개의 핵 파편으로 되어 튄다. 핵 파편에 큰 에너지를 공급하는 것은 강한 전기적 반발력이다. 그

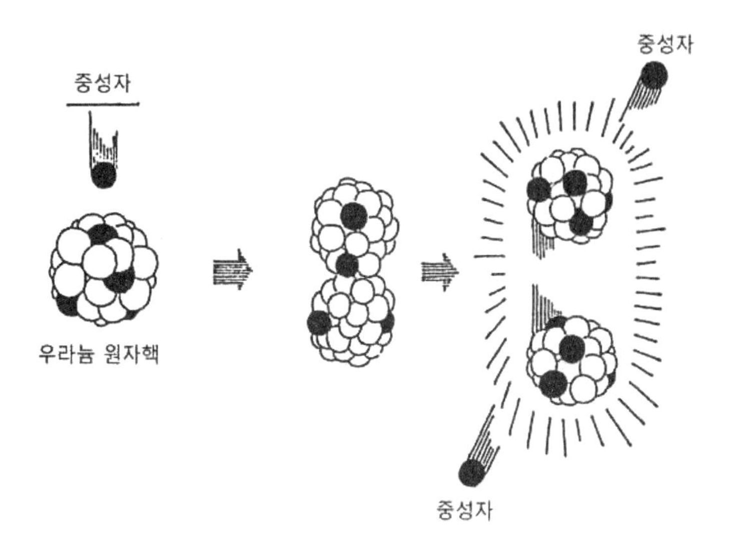

〈그림 49〉 원자폭탄의 에너지원·핵분열. 불안정한 우라늄 원자핵에 중성자가 1개가 튀어 들어가면 원자핵은 8자 꼴로 되어 분열하여 2개의 중성자를 방출한다. 이 중성자가 다른 원자핵으로 튀어 들어가서 핵분열의 연쇄반응이 일어난다

러나 그 강한 전기적 반발력에 이겨 핵을 유지하고 있던 것이 핵력이다. 따라서 핵 파편의 에너지가 큰 근본 원인은 핵력이 강한 데 있다.

그러면 우라늄의 덩어리 안의 많은 원자핵을 전부 분열시키기 위해 우라늄의 덩어리에 항상 외부로부터 중성자를 조사할 필요가 있을까? 그럴 필요는 없다. 한 개의 핵이 분열하면 평균 두 개의 중성자가 핵 파편에서 방출된다. 그리고 그 중성자들이 또 이웃 우라늄 핵을 분열시킨다. 그리하여 차례로 핵분열이 일어난다. 이런 분열현상을 연쇄반응(Chain Reaction)이라 한다. 이 연쇄반응을 갑자기 일어나게 하면 폭발적으로 에너지가 발생하고 원자폭탄이 된다(〈그림 49〉 참조).

그와 반대로 원자로를 사용하면 이 연쇄반응을 완만하게 일어나게 할 수 있다. 그래서 발생하는 에너지를 발전 등에 이용할 수 있다. 이것이 원자력의 평화적 이용이다.

또 인공적으로 우라늄보다 무거운 원자핵을 가진 원자를 만들 수도 있다. 예를 들면 플루토늄(Plutonium; Pu, 원자번호 94)이 그것이다. 그 중에는 우라늄-235처럼 핵분열을 일으키는 것도 있다. 또 핵분열을 일으키지 않고 알파(α)입자(선), 베타(β)선, 감마(γ)선을 방출하고 끝으로 우라늄(U)으로 변해버리는 것도 있다. 이런 변화를 원자핵의 붕괴(Nuclear Decay)라 한다.

파이중간자는 완전범죄의 피해자

핵력은 왜 생길까? 또 파이(π)중간자의 존재와 어떤 연관성이 있을까? 핵력이 생기는 이유는 원자와 원자 사이에 작용하는 원자간력이 생기는 이유와 비슷하다. 핵력 발생의 설명에 앞서 원자간력이 왜 생기는지 설명하겠다.

가장 간단한 구조인 수소원자를 예로 들어 보겠다. 수소원자가 단독으로 존재하는 일은 드물다. 보통은 두 개의 수소원자가 결합하여 한 개의 수소분자로서 존재한다. 왜 수소분자가 생기는가 하면 그것은 두 개의 수소원자 사이에 원자간력이 작용하고 있기 때문이다. 두 개의 수소원자에서 한 개의 수소분자가 생기는 모양은 이렇다. 두 개의 수소원자는 그 핵외전자 구름이 서로 접촉될 만큼 가까워지면, 각각의 수소원자가 핵외전자를 교환하는 현상이 일어난다. 이 교환현상이 일어나면 두 개의 원자 사이에 인력이 작용하여 결합한다. 이런 종류의 힘을 교환력(交換力)이라 한다.

다른 대부분의 원자도 교환력으로 서로 결합하여 분자를 형성하고 있다. 그런데 핵력의 경우도 이런 교환력으로 설명할 수 있다. 접근한 두 개의 핵자는 파이(π)중간자를 서로 교환하고 교환력으로 결합한다. 이것이 핵력의 정체이다. 그럼 핵력의 특징, 즉 엄청나게 강력하고 근거리력인 것은 무슨 까닭일까? 핵력이 강한 것은 파이(π)중간자가 심지에서 튀어나가거나 튀어 들어오는 속도가 빠른 것에 원인이 있다. 이 속도가 빠르면 파이(π)중간자의 구름 안에 파이(π)중간자가 많이 존재할 수 있게 된다. 이론에 의하면 그 파이(π)중간자의 수가 클수록 교환하는 파이(π)중간자의 수가 많아지므로 교환력이 강해진다. 따라서 핵력이 강해진다.

또 핵력이 근거리력인 것은 핵자 안의 파이(π)중간자가 상식으로 생각할 수 없는 모습으로 존재하고 있기 때문이다. 앞에서 유카와 이론에 의하면 심지 속에 파이(π)중간자가 존재하고, 그것이 심지에서 튀어나가거나 튀어 들어온다고 얘기했다. 그러나 이 표현은 유카와 이론의 정확한 표현이 아니었다. 정확하게 말하면 파이(π)중간자는 심지 속에 항상 존재하는 것이 아니고, 심지 근처에서 갑자기 생겨 짧은 시간 안에 갑자기 소멸하는 현상을 되풀이하고 있다. 앞에서 파이(π)중간자가 기묘한 모습으로 존재한다고 한 것은 이 때문이다. 핵외전자는 소멸하거나 새로 생기지 않고 항상 존재한다. 그래서 핵자 속의 파이(π)중간자의 존재는 핵의 주위에 핵외전자가 존재하는 모습과 다르다.

파이중간자의 기묘하게 존재하는 모습은 감각적 세계에서는 그 예가 없다. 만약 이런 일이 감각적 세계에서 일어난다면 얼마나 기묘한 일일까? 다음 예를 보자. 가령 갑자기 한 사람이 태어나고 짧은 시간 후에 갑자기 소멸하여 아무런 자국도 남지 않았다면 어떻게 될까? 그것은 완전한 도깨비장난이다. 그런데 핵자의 내부에서는 그런 도깨비장난이 실제로 일어나고 있다. 그것은 나중에 설명하는 것 같이 실험에 의해서 확인되었다. 그리고 그런 기묘한 현상이 일어날 수 있는 것은 이미 얘기한 불확정성 원리로 증명된다. 그런 현상은 〈가상과정〉이라 불린다. 가상과정은 소립자 세계에서는 늘 일어나는 현상이다. 핵자 안에서 파이(π)중간자의 창생(創生) 및 소멸은 그 일례에 불과하다.

하느님에게 빚을 지고 있는 파이(π)중간자

핵력이 근거리력인 이유는 이 가상과정으로 설명된다. 파이중간자가 생산하기 위해서는 파이(π)중간자의 질량이 생산될 필요가 있다. 그런데 질량과 에너지는 그 본질이 같다는 것이 특수 상대성이론의 한 결과로서 유도되어 있다. 그것에 의하면 질량과 에너지는 서로 변환할 수 있는 것이며, 1gm의 질량을 에너지로 바꾸면 2500만 kWh(킬로와트시)가 된다. 이 에너지는 3,000톤의 석탄을 완전히 연소시켰을 때 발생하는 열에너지와 같다.

따라서 파이(π)중간자가 생산되기 위해서는 그 질량을 생산하는 데 필요한 에너지(이것을 질량에너지라고 부른다)를 어디에선가 공급할 필요가 있다. 그런데 에너지는 생산도 소멸도 하지 않는 것으로, 단지 한 물체(소립자를 포함)에서 다른 물체로 이동할 뿐이다. 이것은 에너지보존법칙이라 불리며, 물리학에서 가

〈그림 50〉 하느님으로부터 빚을 얻어 이 세상에 태어나는 소립자도 있다

장 기초적인 법칙 중 하나다. 이 에너지보존법칙에 거슬리는 현상은, 현재까지 한 가지도 일어나지 않고 있다. 그럼 파이(π) 중간자가 생산되기 위해 필요한 에너지는 어디서 공급될까?

가상과정의 특징은 외부로부터 에너지의 공급을 받지 않고 소립자가 생기는 것이다. 따라서 얼핏 보아 에너지보존법칙에 거슬리는 현상이 일어나고 있는 것처럼 보인다. 실제로 에너지 보존법칙에 거슬리는 현상은 소립자 현상의 어디서도 찾아볼 수 없다. 어떻게 해서 파이(π)중간자는 생산될까? 비유적으로 말하면 조물주에게서 질량에너지를 빚내어 생산한다(〈그림 50〉 참조). 그러나 그 빚은 기한부(어떤 일에 대하여 어느 때까지라고 일정한 기한이 정해져 있는 것)이다. 불확정성 원리에 의하면 그 빚의 양이 클수록 갚아야 할 기한이 짧을 필요가 있다. 그런데 갚는다는 것은 파이중간자 자신이 소멸하는 것이다. 이런 생산, 소멸이 몇 번이나 되풀이되면, 겉보기에는 파이(π)중간자가 심지에서 튀어나오거나 튀어 들어가고 있는 것과 같은 일이 생긴다. 그래서 앞에서 그렇게 말했다. 따라서 일반적으로 가상과정에서 생산한 파이(π)중간자는 그 질량이 클수록 짧은 시간 안에 소멸되어야 한다.

이 사실에서 생각하면 핵자의 크기란 파이(π)중간자가 살아있는 동안에 날아다닐 수 있는 범위가 된다. 그런데 파이(π)중간자의 질량은 전자의 약 270배나 되고 큰 에너지의 빚을 지고 있으므로, 살 수 있는 시간은 아주 짧다. 그 때문에 가령 광속도로 날았다고 해도 생존 중에 날 수 있는 거리는 약 1조 분의 3㎜이다. 이것이 핵력이 미치는 범위이다. 이런 파이(π)중간자의 성질이 핵력이 근거리력인 원인이다.

사람도 소립자도 얼굴만으로는 판단하지 못한다

핵자의 내부에서 파이(π)중간자가 앞에서 얘기한대로 기묘한 모습으로 존재한다는 것은 탄성충돌에 의한 방법으로는 실험적으로 증명할 수 없다. 그 실험적 증명을 하기 위해서는 앞에서 얘기한 비탄성충돌을 쓸 필요가 있다.

일반적으로 말해서 탄성충돌에 의해서 아는 방법은 예를 들면 사람의 성질을 그 모습, 얼굴에서 판단하는 것과 같다. 사람은 겉보기와 다르다고 흔히 말하는 것 같이 탄성충돌로는 물질의 본질을 깊이 알 수 없다. 비탄성충돌에 의한 방법은 물질의 본질을 훨씬 깊게 알 수 있는 방법이다.

다음에 비탄성충돌을 이용한 가상과정의 증명방법에 대해서 설명해 두겠다. 핵자 내부에 존재하는 중간자는 생산을 위해 질량에너지의 빚을 지고 있으므로 외부로부터 에너지를 주어서 그 빚을 갚아주면 그 파이(π)중간자는 해방되어 핵자 밖으로 나온다고 추정된다. 핵자 내부의 파이(π)중간자에 에너지를 주는 방법은 물질을 고(高)에너지양성자로 충돌시키면 된다. 물질을 구성하고 있는 원자의 원자핵 안의 핵자와 고에너지양성자가 충돌하여 고에너지양성자의 에너지가 핵자 안의 파이(π)중간자에 주어진다. 그 결과 파이(π)중간자는 핵자 밖으로 튀어나온다.

파이(π)중간자의 질량에너지는 아주 커서 약 2억 전자볼트이다. 즉, 2억 전자볼트의 빚을 지고 있는 것과 같다. 따라서 이 실험에 사용하는 고에너지양성자의 에너지는 2억 전자볼트 이상이어야 한다. 만약 파이(π)중간자가 핵자 안에 항상 존재한다고 하면 핵자 밖으로 튀어나오게 하기 위해서는 그보다 큰 에너지는 필요 없다. 몇 십만 전자볼트의 에너지로 충분하다고 생각된다.

유카와 이론은 이렇게 실증되었다

이 실험은 1948년 캘리포니아 공과대학(California Institute of Technology; Caltech)의 양성자가속장치에 의해서 만들어진 고에너지양성자를 써서 처음으로 성공하였다. 파이(π)중간자를 핵자에서 꺼내기 위해서는 최저 2억 전자볼트의 에너지가 필요한 것을 알았다. 파이(π)중간자가 핵자 안에 가상과정으로 존재하고 있는 것이 밝혀졌다. 이 실험에 사용된 양성자가속장치는 고에너지양성자를 발생시키기 위한 것이다. 그런데 유카와 이론이 발표된 것은 1935년이었다. 그 무렵에는 2억 전자볼트라는 고에너지양성자를 발생시키는 장치는 없었다.

물리학자들은 1935년에서 1948년까지 비탄성충돌을 이용하여 파이(π)중간자를 조사하지 않았을까? 그렇지 않다. 다행히도 자연에는 거대한 에너지의 양성자 빔(Proton Beam)이 적어도 1억 년 전의 옛날부터 쏟아지고 있다. 그것은 우주선이다. 우주선은 하늘이 사람에게 베푼 소립자 세계의 문을 여는 열쇠였다. 유카와 이론이 발표되고 나서 주로 우주선을 이용하여 연구가 진행되었다.

만일 유카와 이론이 옳다면 우주선이 성층권에서 공기 분자의 원자핵과 충돌하여 파이(π)중간자를 만들고 있었을 것이다. 그리고 그것이 지상으로 쏟아졌을 것이다. 따라서 쏟아지고 있는 2차 우주선 중에 파이(π)중간자가 발견되면 유카와 이론이 검증된다고 생각했다.

저자는 1938년에 이화학연구소의 니시나*연구실에 입소하였는데, 그 무렵은 마침 이 연구가 세계적으로 추진되고 있던 때였다. 지상의 우주선 입자 가운데 중간자가 존재하는 것은 그즈음 몇몇 학자에 의해서 추정되고 있었다. 유카와 이론에 의하여 파이중간자는 전자의 200배 정도의 무게라는 것이 알려지고 있었다. 그래서 연구소 입소 무렵의 저자의 연구는 그 중간자의 질량을 측정하여 그것이 파이(π)중간자인가 아닌가를 확인하는 것이었다. 지금 생각하면 매우 애석한 일은 우리 연구가 완성되려던 1941년에 태평양전쟁이 일어나 연구가 완전히 중단된 것이었다.

2차 세계대전이 끝나자 먼저 미국의 캘리포니아 공과대학의

*역자 주: 니시나 요시오, Nishina Yoshio, 1890~1951

브로드(Robert Bigham Brode), 프레터(William Bache Fretter) 두 교수 등에 의해 지상에서 관측되는 2차우주선 입자는 거의 중간자로서 그 질량이 전자의 약 200배라는 실험 결과가 발표되었다. 그 후 많은 학자의 연구에 의하여 지상에 있는 중간자와 성층권에 있는 중간자는 같은 종류가 아니라는 것을 알았다. 그리고 성층권에 있는 중간자는 유카와 이론으로 예상되었던 중간자인 것을 알게 되어 파이(π)중간자라고 이름 지어졌다. 한편 지상에 있는 중간자는 파이(π)중간자의 붕괴에 의하여 탄생되는 것이 알려져 뮤(μ)중간자라고 부르게 되었다. 파이(π), 뮤(μ)는 그리스 문자의 이름으로 특별한 뜻은 없다.

이렇게 두 종류의 중간자의 관계를 밝힌 데는 영국의 파월 교수(Cecil Frank Powell, 1903~1969)의 힘이 컸다. 이 공적으로 그는 1950년 노벨물리학상을 수상했다. 그리고 1년 후에 양성자가속장치로부터 파이(π)중간자를 만들기 위해 필요한 에너지의 크기 등을 분명하게 알게 됐다.

일본의 양성자가속장치

파이(π)중간자의 존재가 확인되자, 물리학자들은 이번에는 파이(π)중간자 자체의 물리학적 성질의 연구에 착수하였다. 높은 곳에 있는 우주선 속의 파이(π)중간자를 기구를 올리거나 높은 산에 올라가서 연구하기도 했다. 우주선 속의 파이(π)중간자를 조사하는 방법은 마치 야생동물이 살고 있는 곳에 가서 관찰하는 것과 비슷하다. 그러나 우주선 속의 파이(π)중간자의 수는 아주 적으므로 충분한 연구를 할 수 없었다. 그래서 동물을 울타리에 넣어서 관찰하는 것과 같은 방법을 생각해냈다. 파이(π)

〈그림 51〉 물리학자들이 실험실 내에서 파이(π)중간자를 만들어 실험하는 것은 동물학자들이 야생동물을 울타리에 넣어 관찰하는 것과 같다

중간자를 실험실 안에서 많이 만들어 관찰하기 쉬운 상태로 두고 연구하는 방법이다(〈그림 51〉 참조).

이런 목적으로 1948년 이후 고에너지 양성자가속장치가 급속하게 개발되었다. 양성자가속장치의 목적은 처음에는 인공파이중간자를 얻는 것이었다. 그 후의 연구로 파이(π)중간자보다 더 무거운 중간자나 소립자가 우주선 속에서 발견되었으므로 그것들까지도 인공적으로 만들기 위해 에너지가 더 큰 양성자선을 발생하는 양성자가속장치가 제작되기도 하였다. 이렇게 소립자 세계의 문을 여는 열쇠는 우주선에서 인공우주선, 바꿔 말하면 고에너지 양성자가속장치로 대치되었다.

그러나 이것은 미국, 러시아, 유럽에서의 실정이며 일본의 현실은 유감스럽게도 달랐다. 2차 세계대전 전에는 일본의 양성자가속장치는 세계적 수준에 있었다. 그러나 전후는 선진국의 거대한 양성자가속장치 개발경쟁을 방관할 뿐이었다. 그리고 현재도 마찬가지다. 그 까닭은 거액의 비용이 들기 때문이다. 그래서 이론과 병행하여 진행되어야 할 소립자의 실험적 연구는 일본에서는 우주선 연구에만 그치고 있다.

그 몇 가지를 소개하겠다. 도쿄대학에서는 노리쿠라다케 산(山) 꼭대기에 우주선관측소를 설치하여 파이(π)중간자를 연구하였다. 이 관측소는 일본 전체의 우주선 연구자가 공동 이용하고 있다. 그 밖에 릿쿄대학(立教大學)이나 고베대학 등이 주동이 되어 관측기계를 실은 기구를 고공에 띄워 우주선 중의 파이(π)중간자의 연구를 했다. 또 현재 도쿄대학 원자핵연구소에서 대규모적인 우주선샤워연구가 실시되고 있다.

그러나 일반적으로 보아 소립자의 물리학적 성질을 연구하는 점에서는 이 연구들에서 얻어지는 성과는 양성자가속장치를 써서 얻어지는 것과 도저히 비교가 안 된다. 그 때문에 대전 후 많은 일본의 실험 물리학자는 양성자가속장치가 있는 미국 등지의 대학이나 연구소에 초빙되어 연구하고 있다.

이런 실정은 국가적 손실이 아닐까? 나라가 존재하는 이상 다른 나라의 시설만을 이용해서 연구할 수는 없다. 왜냐하면, 과학에는 국경이 없지만 과학자에게는 국경이라는 불편한 것이 있기 때문이다. 일본의 소립자물리학의 실험적 연구를 세계적 수준까지 올리기 위해 일본에서도 가까스로 근년에 와서야 거대한 양성자가속장치 건설계획이 진행되고 있다. 그러나 그 완

〈그림 52〉 미국 브룩헤이븐 국립연구소에 있는 AG 싱크로트론
[출처: USA.gov]

성은 10년 후가 될 것이다. 양성자가속장치의 개발경쟁을 촉진시킨 원인은 유카와 이론으로 예언된 파이(π)중간자의 존재이니 아이러니한 사실이 아닐 수 없다.

미국의 거대한 양성자가속장치

현재 세계적인 거대한 양성자가속장치는 미국, 스위스, 러시아에 있다. 스위스의 것은 유럽의 13개국 공동의 원자핵연구소(Conseil Europeen pour la Recherche Nucleaire; CERN)가 1959년에 만든 것으로 양성자싱크로트론이라고 불린다. 그 장치는 250억 전자볼트의 양성자를 평균 매초 30억 개 방출할 수 있다.

미국 브룩헤이븐 국립연구소(Brookhaven National Laboratory)

에 AG 싱크로트론(Aalternating gradient synchrotron; AGS)이라 고 불리는 거대한 양성자가속장치가 만들어졌다(〈그림 52〉 참조). 이것은 최대출력이 300억 전자볼트의 양성자를 평균 매초 30억 개 방출할 수 있다. 그것을 동작시키는 데 하루 1억 원이 든다고 한다. 이 장치는 미국의 동부에 있는 대학이 공동 이용하고 있다.

이 AG 양성자싱크로트론은 앞에서 얘기한 전자싱크로트론과 원리도 모양도 같은 것이다. 이런 거대한 양성자가속장치로 만든 고에너지양성자 살을 써서 어떤 방법으로 파이(π)중간자 및 그 밖의 소립자의 물리학적 성질을 알 수 있을까?

3. 소립자는 과연 궁극물질인가?

눈에 보이지 않는 소립자에도 발자국이 있다

현재 개발되고 있는 가장 분리능이 높은 전자현미경을 써도 분자 가운데서도 거대한 고분자(1000만 분의 1㎝)까지밖에 볼 수 없다. 그러므로 소립자(1조 분의 1㎜) 자체는 볼 수 없다. 물리학자들은 그렇게 작은 소립자가 날아간 발자국을 육안으로 보는 방법을 알고 있다. 물리학에서는 그 발자국을 비적(飛跡)이라 부르고 있다. 물리학자는 그 비적을 보고 낱낱의 소립자가 일으키는 반응을 알 수 있다.

그런데 이 비적을 볼 수 있는 것은 소립자가 가지고 있는 전기 덕분이다. 그러므로 전기를 갖지 않는 소립자(중성자, 광자, 중성미자 등)의 비적은 볼 수 없다. 또 소립자보다 큰 원자, 분자도 전기를 갖지 않으므로 그 비적을 볼 수 없다.

그럼 어떻게 극미의 소립자의 비적을 볼 수 있을까? 소립자의 비적을 보는 장치를 비적지시장치(飛跡指示裝置)라고 한다. 이것은 소립자의 세계를 감각의 세계에 투영하는 것이므로 〈기적의 장치〉라고 하겠다. 이 장치를 설명하기 전에 먼저 전기를 가진 소립자의 성질을 알아보자.

전기를 가진 소립자(하전입자, 荷電粒子)가 기체, 액체 또는 고체 중을 통과할 때 일으키는 현상은 태풍이 육지를 통과할 때 일어나는 현상과 비슷하다. 태풍의 통로 및 그것에 이웃한 지역에 있는 집, 나무 등은 태풍이 통과함에 따라 넘어진다. 하전입자는 그 자체는 작지만 그 주위에 광범위한 전기장(電氣場)을 데리고 운동한다. 전기장이란 하전체의 주위에 생기는 전기력이 작용하는 공간을 말한다. 하전입자와 더불어 움직이는 그 전기장은 하전입자의 통로 및 그 근방에 산재하는 원자 및 분자에 마치 태풍과 같은 영향을 미친다(〈그림 53〉 참조). 즉, 원자 및 분자의 핵외전자는 전기장의 태풍으로 날아가 버린다. 그리고 하전입자가 지나간 자국에는 넘어진 집이나 나무 대신에 핵외전자를 일부분 잃은 분자나 원자가 남는다. 그 핵외전자를 일부 잃은 분자나 원자는 이온이라 불리는 것이다. 그래서 이 현상은 하전입자에 의한 이온화(Ionization)현상이라 붙인다. 이렇게 해서 생긴 이온은 양전기를 가지고 있다. 한편 전기장의 태풍(?)으로 날아가 버린 핵외전자는 부근에 산재하는 다른 원자나 전자에 부착한다. 부착된 원자나 분자도 이온이라고 불린다. 이 이온은 음전기를 가지고 있다. 따라서 이온에는 양이온과 음이온이 있다(수소, 헬륨 등 음이온이 되지 않는 것도 있다).

〈그림 53〉 전기를 가진 소립자는 태풍이 지난 뒤처럼 엉망이다

이 이온화 현상의 유무를 조사함으로써 하전입자의 존재를 조사하는 기계가 있다. 그것이 계수관(하전입자검출장치, Counter)이다. 비적지시장치는 이온화 현상을 이용하여 하전입자의 존재뿐만 아니라 그 비적도 눈으로 볼 수 있게 하여 입자의 속도, 운동량 등을 조사한다.

예를 들면 소립자의 속도는 다음과 같이 조사한다. 태풍은 진행하는 속도가 늦은 것일수록 큰 피해를 남긴다. 그와 마찬가지로 속도가 늦은 하전입자일수록 통과한 자국에 많은 이온을 남긴다. 그래서 통과한 자국의 이온수를 알면 하전입자의 속도를 알 수 있다.

소립자의 발자국을 보는 장치

하전입자의 비적을 어떻게 볼 수 있을까? 이 장치의 원리는 아주 간단하다. 누구나 다 알고 있는 현상과 같은 원리에 의한다. 즉 안개가 발생하거나 물이 끓는 현상이다. 안개가 발생하는 원리를 이용한 것은 윌슨의 안개상자(Cloud Chamber)라고 불리고, 물이 끓는 원리를 이용한 것을 기포상자(Bubble Chamber)라고 한다. 먼저 안개상자부터 살펴보자.

안개상자의 발명은 안개가 발생하는 원인에 관한 연구가 기초로 되어 있다. 공기 중에서 안개가 발생하기 위해서는 먼지를 종핵으로 하여 비로소 그 위에 응축할 수 있다. 만일 전혀 먼지가 존재하지 않으면 수증기는 작은 물방울이 되기 어렵다. 그 까닭은 일반적으로 물방울이 표면장력의 작용으로 그 부피를 될 수 있는 대로 작게 하려고 하기 때문이다. 그런 경향은 물방울이 작을수록 더 강하다. 그러나 먼지가 있으면 그것을 종핵(種核)으로 하여 곧 큰 물방울이 생기므로 안개가 발생하기 쉽다. 이런 이유로 먼지가 존재하지 않는 공기 중의 수증기는 포화상태가 되어도 여간해서는 물방울로 되지 않는다. 즉, 안개가 발생하지 않는다. 이 포화상태의 수증기를 냉각하면 과포화상태*가 된다. 그런데 여간해서 안개는 생기지 않는다.

1897년 영국의 윌슨(Charles Thomson Rees Wilson, 1869~1959, 1927년 노벨물리학 수상자)은 먼지가 없는 공기 중에 음

---

*어떤 온도에서의 증기의 포화상태란 그 어떤 온도에서 그 이상 증기가 진하게 되지 않는 상태이다. 무엇인가 중심이 되는 것이 있으면 그것을 핵으로 해서 증기는 곧 물방울이 된다. 그런데 중심이 되는 것이 없으면 증기는 그 이상으로 진하게 된다. 그것이 과포화상태이다.

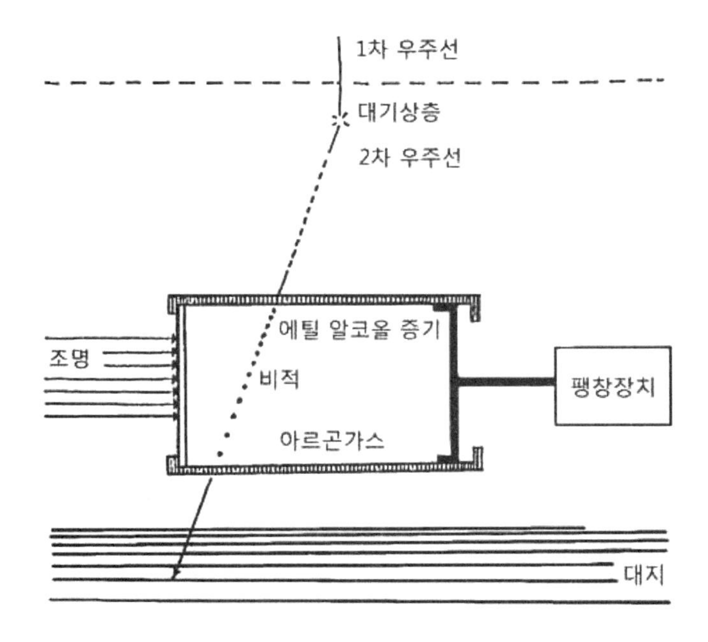

〈그림 54〉 모습을 볼 수 없는 우주선의 발자국을 보는 윌슨 안개상자의 원리. 가스를 팽창시키면 에틸알코올의 증기는 과포화상태가 된다. 그곳을 우주선이 지나가면, 그 뒤에 아름다운 물방울 선이 보인다

또는 양이온이 존재하면 과포화상태의 수증기는 그 이온들을 종핵으로 응축하고 안개가 생기는 것을 발견하였다. 그 까닭은 이온이 가지고 있는 전기가 전기적 반발력으로 작아지려고 하는 표면장력과는 반대로, 작은 물방울을 되도록 크게 하려고 하며 그 힘이 표면장력에 의한 힘을 상쇄하기 때문이다. 윌슨은 이런 사실에서 수증기를 과포화상태로 하고 이온을 종핵으로 하여 작은 물방울을 만들면 하전입자의 비적을 눈으로 볼 수 있다는 것을 알아냈다. 연구를 거듭하여 드디어 하전입자의 비적을 눈으로 보거나 사진으로 촬영할 수 있는 안개상자를 발

명하였다(〈그림 54〉 참조). 이 안개상자가 초기의 원자핵, 소립자 연구에 미친 공적은 말로 표현할 수 없을 만큼 컸다.

윌슨의 안개상자

안개상자에는 여러 가지 모양이 있다. 또 크기도 10㎝에서 1m 이상까지 있다. 그 구조를 간단히 설명하겠다. 우선 밀폐상자로 되어 있다. 앞면은 유리판, 뒷면은 검은색 판이다. 옆면의 하나는 피스톤 역할을 하는 두랄루민(Duralumin)의 가동판, 다른 한 옆면은 유리판으로 상자 안의 안개를 조명하기 위한 평행광선의 입사창(入射窓)으로 되어 있다. 상자 안에는 약 1기압의 아르곤(Argon) 가스와 소량의 에틸알코올(Ethyl Alcohol)이 들어가 있다. 공기는 불순기체를 함유하고 있으므로 쓰지 않는다. 에틸알코올은 증발해서 포화상태의 에틸알코올 증기가 되어 아르곤 가스와 상자 안에 함께 있다. 두랄루민의 가동판은 압축공기의 힘으로 눌러서 사용하지 않을 때는 상자 안의 가스를 압축하고 있다.

이 안개상자를 동작시킬 때는 두랄루민의 가동판을 밀고 있는 외력을 급속히 제거한다. 그리고 상자 안의 가스를 팽창시킨다. 가스는 팽창하면 온도가 내려간다. 그러면 에틸알코올 증기는 과포화상태가 된다. 팽창하는 순간 또는 직전이나 직후에 하전입자가 상자 안에 날아 들어오면 그 통로에 따라서 이온이 발생하고 그 이온을 종핵으로 하여 작은 물방울(지름 100분의 1㎜쯤)이 형성된다. 그때 측면의 창을 통하여 조명하면 작은 물방울의 열은 빛에 반사되어 빛나고 아름다운 선으로 보인다. 빛나는 작은 물방울은 몇 초 동안 낙하하다가 없어진다.

이렇게 소립자의 비적을 우리 눈앞에 뚜렷하게 보여주는 안개상자의 위력은 크다. 그런데 소립자의 얘기는 말로만 들어서는 실감이 잘 나지 않는다. 그러나 안개상자를 팽창시킨 순간에 날카로운 비적이 형성되는 과정을 보게 되면 그 비적을 만드는 무엇인가가 존재하는 것을 직감적으로 느낄 수 있다.

저자의 경험을 말하자면, 저자가 물리학자가 된 것은 이 안개상자 덕분이다. 처음에 대학에서 화학을 전공하였는데, 니시나 요시오 박사가 보여준 한 장의 사진에 큰 흥미를 느꼈다. 그것은 안개상자로 찍은 뮤(μ)중간자의 사진이었다. 그것이 원인이 되어 대학졸업 후 니시나 연구실로 들어가서 안개상자를 써서 우주선의 연구를 시작했다.

앞에서 불확정성 원리에 의하여 소립자는 궤도를 그리지 않는 것을 설명했다. 그런데 안개상자에서 보는 비적은 소립자가 그린 궤도이다. 왜 안개상자에서는 궤도를 그릴까? 안개상자로 볼 수 있는 소립자는 운동량이 크기 때문이다. 앞에서 얘기한 것처럼 운동량이 큰 소립자는 불확정성 원리의 영향을 적게 받으므로 궤도를 그리며 난다.

주전자의 물이 끓는 것은 우주선 때문이다

비적지시장치에는 또 하나로 물이 끓는 원리를 사용한 것이 있다. 바로 기포상자이다. 안개상자는 장치가 간단하지만, 사용하는 데 기술이 필요하다. 이에 반하여 기포상자의 장치는 안개상자보다 복잡하지만 사용법이 간단하다. 기포상자의 최대의 장점은 기체보다도 밀도가 높은 액체를 사용하는 것이다. 그래서 오늘날에는 이것이 사용된다.

난로 위에 주전자를 얹어놓으면 때때로 돌발적으로 물이 심하게 끓는 일이 있다. 이것을 범핑(Bumping)이라고 한다. 주전자 속의 조용한 물을 무엇이 돌발적으로 끓게 하는 것일까? 미국의 글레이저 교수(Donald Arthur Glaser)는 끓는점 이상으로 과열된 유기물의 에터가 때때로 범핑을 일으키는 현상에 주목하였다. 그리고 그 범핑이 일어나는 횟수가 마치 우주선샤워(Ⅳ-2. '우주의 방랑자들' 참고)가 에터를 조사하는 횟수와 같은 것을 알아냈다. 그는 이 사실에서 과열상태의 액체 사이를 하전입자가 통과하면 그 통로에 따라 거품이 발생하지 않을까 생각했다. 그럼 범핑을 일으키는 원인은 우주선샤워만이 아닐 것이다. 그 때문에 주전자의 범핑이 우주선샤워로 생긴 것이라고 명확하게 말할 수는 없다. 그러나 우주선샤워의 집중적 조사(照射)가 주전자의 범핑을 일으키는 것은 충분히 있을 수 있다.

1952년 글레이저는 이런 생각에서 힌트를 얻어 액체 중의 하전입자의 비적을 볼 수 있는 기포상자를 발명하였다. 컵에 따른 맥주에 생기는 작은 거품에서 기포상자의 힌트를 얻었다는 에피소드도 있다.

실제로 연구실에서 사용되고 있는 기포상자는 그 크기 및 모양이 여러 가지이지만, 구조는 안개상자와 비슷하다. 상자 안에는 에터, 프로펜(Propene)과 더 진보된 것은 액체수소, 액체 제논(Xenon) 등이 들어가 있다. 상자 안의 액체는 외부로부터 과열되어 언제나 범핑을 일으킬 상태에 있다. 그러나 실험 때 외에는 범핑이 일어나지 않게 외압으로 압축되어 있다.

이 기포상자를 동작시킬 때는 액체를 압축하고 있는 외압을 급속히 제거한다. 그러면 그 순간에 액체는 몇천 분의 1초 간쯤 잘 끓을 수 있는 불안정상태가 된다. 그것은 마치 맥주 또는 사이다의 병마개를 뺀 순간과 같은 상태이다. 이 몇천 분의 1초간의 불안정상태일 때 하전입자가 이 액체 속을 통과하면 그 궤도에 따라 작은 기포가 염주처럼 형성된다. 창에 카메라를 놓고 셔터를 개방해 놓으며 매우 예리한 비적의 사진을 찍을 수 있다. 실험이 끝나면 곧 액체를 압축하여 기포가 크게 성장하지 않는 동안에 없애고 원상태로 되돌려 놓는다.

이것이 기포상자의 구조이다. 이 기포상자는 물리학의 경이적인 진보를 촉진시켰다. 발명자 글레이저는 1960년에 이 공적으로 노벨물리학상을 수상했다.

하전입자가 과열상태의 액체 중에서 그 통로에 따라 기포를 만드는 이유는 아직 잘 알려져 있지 않다. 그러나 가장 그럴듯한 설명은 다음과 같다.

안개상자의 경우와 같이 하전입자의 통로에 따라 액체 속에 많은 이온이 생긴다. 그러나 액체 속의 이온은 오래 살지 못한다. 하전입자가 행하는 이온화 현상 때에 유리된 핵외전자는 액체 속에서는 이온의 근방을 어물거린다. 그래서 그 전자는 유리되고 나서 1억 분의 1초쯤의 사이에 이온과 재결합해 버린다. 그 재결합 때에 국부적으로 미량의 열이 발생한다. 이 부분만 더 고온으로 되는 것이다. 이 열이 기포를 만든다고 추정되고 있다. 액체는 끓는점에 달했다고 해서 반드시 끓지는 않는다. 그 이유는 작은 기포가 생겨도 기포의 주위에 있는 액체의 표면장력의 작용으로 기포가 없어지기 때문이다. 따라서 기포가 생기려면 그 표면장력에 이겨낼 만한 힘이 필요하다. 앞의 이온의 재결합에 의하여 발생하는 미량의 열이 그 힘을 공급하는 것이라고 설명되고 있다.*

앞에서 높은 산 뒤에서 또는 기구를 고공으로 올려 우주선 속의 파이중간자 등의 연구를 했다고 했다. 그런 경우에 쓰는 장치는 기구의 경우는 주로 원자핵건판이 쓰인다. 보통의 사진

---

*비적지시장치로는 이 밖에 스파크 챔버(Spark Chamber, 방전상자)와 신틸레이터(Scintillator, 신틸레이션 계수관)가 있다. 이것들은 앞의 두 가지와 달리 일렉트로닉스를 응용한 것이다. 비적의 선명도는 안개상자나 기포상자가 좋지만 스파크 챔버와 신틸레이터가 뛰어난 점도 있다.

스파크 챔버는 평행하게 등간격으로 겹친 금속판으로 되어 있다. 이 겹친 금속판을 1기압의 기체를 채운 용기 속에 수평으로 넣는다. 기체는 네온가스 또는 아르곤가스 등이 사용된다. 이 금속판 위로 고에너지양성자 따위를 관통시킨다. 그리고 고에너지양성자 따위가 관통한 순간 각 금속판에 1만 볼트의 전압을 1000만 분의 1초 동안만 건다. 그러면 각 금속판 사이의 가스 속에 고에너지양성자 등을 관통시킨 곳에 작은 스파크방전이 일어난다. 따라서 금속판을 관통한 고에너지양성자의 진로에 따라 불꽃이 보인다. 그 불꽃이 비적을 나타낸다.

이 스파크 챔버는 미국의 프린스턴대학(Princeton University), 매사추세츠공과대학 등에서 개발·연구되었다. 그러나 이 스파크 챔버의 아이디어는 나고야대학교 후쿠이 슈지 교수와 오사카 시립대학의 미야모토 시게노리 교수의 방전상자의 연구에 의한 것이다. 방전상자는 다수의 금속판을 사용하지 않고 한 장의 금속판과 그것과 평행으로 맞댄 한 장의 유리판 사이에 방전을 일으킨다.

또 한 가지의 비적지시장치인 신틸레이터는 투명한 일종의 합성수지를 쓴다. 이 합성수지의 이름이 신틸레이터이다. 이 신틸레이터 속을 고에너지양성자 등이 통과하면 그 통로에 있던 신틸레이터의 분자가 눈에 보이지 않는 희미한 빛을 낸다. 그 빛을 이미지 증배관으로 밝게 하여 볼 수 있다. 그러면 신틸레이터 내의 고에너지양성자 등의 통로가 비쳐서 보인다. 그것을 사진 촬영할 수도 있다. 그러나 아직 실용적인 능률이 좋은 이미지 증배관은 완성되어 있지 않다. 그래서 신틸레이터는 보통 계수관만으로 사용하고 있다.

건판은 하전입자에 대한 감도가 좋지 않다. 그래서 특히 하전입자에 대한 강도를 좋게 만든 건판이 원자핵 건판이다. 원자핵건판도 앞의 안개상자나 기포상자와 마찬가지로 유력한 비적지시장치이다. 원자핵건판은 가벼우므로 기구에 싣는 데 알맞다. 높은 산 위에서 관측하는 경우는 주로 안개상자가 사용된다. 안개상자는 원자핵건판보다도 부피가 크므로 원자핵건판을 쓰는 것보다 단시간 내에 다수의 파이(π)중간자의 비적을 관찰할 수 있다.

우주선의 연구에 기포상자는 사용되지 않는다. 그 까닭은 우주선이 기포상자에 튀어 들어가고 나서 팽창시키면 늦기 때문이다. 그때는 비적에 따라 생긴 이온이 이미 없어져 버린다. 따라서 비적을 볼 수 없다.

수사관도 물리학자도 발자국에서 범인을 추적한다

비적지시장치를 써서 무엇을 알 수 있을까? 기포상자를 예로 들어 알아보자. 기포상자는 고에너지양성자 가속장치가 있는 실험실에서 아주 쓸모 있게 쓰인다. 기포상자의 팽창과 기포상자 내에 양성자가 튀어 들어가는 시간을 일치시킬 수 있기 때문이다. 특히 그런 실험실에서는 강력한 전자석 안에 설치된, 한 변이 1m 가까이 되는 대형 기포상자가 이용된다. 전자석 속에 기포상자를 놓는 것은 양성자가 기포상자 안에서 원호(圓弧)를 그리게 하기 위해서이다. 이 기포상자 안에는 영하 253℃의 액체수소가 들어 있다.

가속장치에서 방출되는 고에너지양성자 살은 우주선처럼 공간을 가로질러 실험실 안에 설치된 기포상자 안으로 작은 창을 통해서 뛰어든다. 고에너지양성자 살을 진공파이프를 통해서 유도하는 일도 있다. 기포상자 안에서는 고에너지양성자 살은 이온화 현상을 일으키면서 원호를 그리며 나간다.

그러나 이온화 현상을 일으킬 뿐만 아니라 액체수소 안의 원자핵과도 충돌한다. 이 충돌은 가스 속에서보다 액체 속에서 일으키기 쉽다. 이것이 안개상자보다 기포상자가 잘 쓰이는 까닭이다. 이 충돌이 일어나면 파이(π)중간자가 발생한다. 그 파이(π)중간자는 이온화 현상을 일으키면서 액체수소 속을 역시 원호를 그리면서 나간다. 그리고 뮤(μ)중간자와 중성미자로 붕괴된다. 앞의 양성자는 원자핵과 충돌하여 원호의 방향과 곡률을 조금 달리하면서 운동을 계속한다. 그때 기포상자를 동작시키면 이 운동들이 기포에 의하여 비적이 되어 나타나게 된다.

이것과 비슷한 현상은 고에너지양성자에 한하지 않고 다른 소립자를 튀어 들어가게 한 경우에도 일어난다. 일반적으로 이런 현상을 〈소립자 반응〉*이라 한다. 물리학자들은 이 소립자

---

*소립자반응은 앞에서도 여러 번 나왔다. 다시 정리해 보자. 이 반응들은 모두 역방향으로도 일어날 수 있다.

① 전자→전자+광자
전자 및 하전입자가 가속도운동을 할 때 광자를 방출하는 현상

② 핵자+핵자→핵자+핵자+파이(π)중간자
핵자와 핵자가 충돌하여 파이(π)중간자를 발생하는 현상

③ 파이(π)중간자→뮤(μ)중간자+중성미자
파이(π)중간자가 붕괴하여 뮤(μ)중간자와 중성미자가 되는 현상

④ 뮤(μ)중간자→전자+중성미자+중미성자
뮤(μ)중간자가 전자와 두 개의 중성미자로 붕괴하는 현상

⑤ 중성자→양성자+전자+중성미자
중성자가 양성자와 전자와 중성미자로 붕괴하는 현상

〈그림 55〉 수사관은 범인의 발자국을 조사한다. 물리학자도 소립자의 발자국을 조사한다

반응을 보고 그 반응을 일으킨 소립자의 물리학적 성질을 알 수 있다.

실제로는 이 비적사진을 수십만 장이나 찍는다. 그 사진을 〈프랑켄슈타인(Frankenstein)〉이라 불리는 거대한 진동분석 장치에 넣어서 분석한다.

비적을 만든 입자의 종류를 어떻게 알 수 있을까? 그 입자가 그리는 원호의 곡률과 이온의 수에서 알 수 있다. 원호의 곡률은 운동량에 반비례한다. 운동량은 질량과 속도의 곱이다. 속도는 이온의 수에서 알 수 있으므로 운동량을 알면 질량을 알 수 있다(〈그림 55〉 참조).

그 밖에 기포상자 밖에서 고에너지양성자로 불길을 때리고 거기에서 발생하는 2차 입자, 이를테면 파이(π)중간자를 꺼내서 그것을 기포상자 안에 넣는 경우도 있다. 그때는 그 2차 입자와 수소의 원자핵이 일으키는 반응을 알 수 있다.

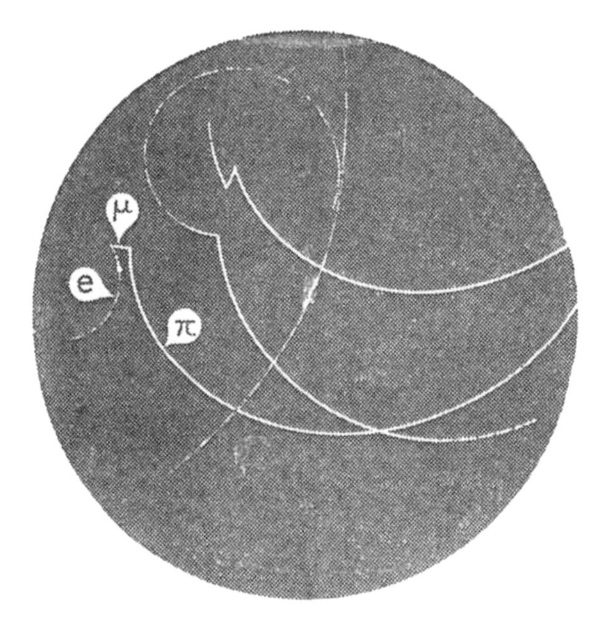

〈그림 56〉

소립자반응의 보기

〈그림 56〉은 기포상자 안에서 파이(π)중간자가 뮤(μ)중간자와 중성미자로 붕괴하고 다음에 뮤(μ)중간자가 전자(e)와 중성미자로 연속 붕괴하는 것을 보여준다.

오른쪽에서 왼쪽으로 세 개의 곡선이 그것을 보여 준다. 중성미자는 전기를 갖지 않으므로 비적은 나타나지 않는다. 전자의 비적이 가장 엷은 것은 전자의 속도가 파이(π)중간자나 뮤(μ)중간자보다 빠른 것을 보여 주고 있고 비적이 휜 것은 기포상자가 자기장 안에 있기 때문이다.

자연의 궁극은 중성미자일까?

소립자의 종류나 소립자반응은 현재까지 얘기한 것 외에도 많은 것이 발견되어 있다. 물리학자들은 그것들을 연구한 결과 소립자에 대해서 어떤 결론을 얻었다. 모든 소립자는 소립자반응에 의해 서로 바뀔 수 있는 성질을 갖고 있다는 것과 모든 소립자반응은 세 가지 기본 반응에 귀착될 수 있다는 것을 알게 되었다.

여기서 말하는 세 가지 기본반응이란 앞의 각주에서 ①, ②, ③의 반응이다.

이 기본 반응이 아주 재미있는 점은 각 반응이 일어나는 데 걸리는 시간이 매우 다르다는 것이다. 그 시간은

①의 경우는 백억 분의 1의 천억 분의 1초(10^{-21}초)

②의 경우는 천억 분의 1의 1조 분의 1초(10^{-23}초)

③의 경우는 십억 분의 1초(10^{-9}초)이다.

반응이 일어나는 데 소요되는 시간이 짧다는 것은 반응속도가 빠르다는 것이다. 그리고 반응속도가 빠른 반응일수록 일어나기 쉽다는 것이 알려져 있다. 이 기본 반응의 반응속도와 여러 가지 소립자의 물리학적 성질과의 관련을 밝히는 것은 현대 물리학이 최첨단으로 향해 가는 문제 가운데 하나이다.

그럼 현재 얼마만큼 많은 소립자가 발견되었을까? 물리학자들은 소립자를 다음 네 종류로 나누고 있다.

〈광자족〉 광자(γ)

〈경입자족〉 중성미자(ν), 전자(e), 뮤중간자(μ)

〈중간자족〉 파이중간자(π), 케이중간자(K)

〈중립자족〉 양성자(p), 중성자(n), 람다입자(Λ),
시그마입자(Σ), 크사이입자(Ξ)

최근에 와서 이 소립자들 외에도 아주 불안정한 다른 소립자의 한 무리가 발견되었다. 소립자 세계의 시간 규모로서 1초는 너무 길다. 그래서 1초의 10조 분의 1의 백억 분의 1초(10^{-23})를 소립자 세계의 시간 단위로 한다. 그러면 앞의 소립자는 수명이 무한대거나 대략 1000조 소립자 시간단위이다.

그런데 다음에 얘기하는 소립자는 그 수명이 대략 소립자 시간 단위의 몇 배 정도의 것이다. 이렇게 짧은 수명은 직접적으로 측정할 수 없다. 간접적인 방법을 써서 이론적으로 산출한다. 이런 초단수명의 소립자를 소립자라고 해야 할지 모르겠다. 이 소립자들은 앞에 든 소립자 가운데서 몇 가지가 일시적으로 결합해서 생기는 것이라고 추정된다. 이들은 불안정소립자*(정확하게는 공명소립자)라고 부른다. 현재까지 알려진 불안정소립자는 12종류이다.

다음 〈표 6-1〉에서 괄호 안의 기호는 불안정소립자가 붕괴하여 생기는 소립자를 나타낸다. 예를 들면 맨 위의 에터가 붕괴하면 3개의 파이(π)로 된다. 소립자 이름의 위의 (+), (-), 0은 그 입자가 전기적으로 양, 음, 중성인 것을 나타낸다.

---

*불안정소립자(공명소립자)로서 파이중간자가 새로 발견되었다. 이 파이중간자는 시카고대학의 사쿠라이 준(Jun John Sakurai) 박사가 1962년 12월에 그 존재를 예언한 것으로 브룩헤이븐 원자핵연구소와 캘리포니아대학의 실험 결과, 그 존재가 확인되었다. 그 파이(π)중간자는 십조 분의 2초의 십억 분의 1초로 단명하고 2개의 케이(K)중간자로 분열돼 버린다.

〈표 6-1〉

이름	기호
에터	$\eta\ (\pi^+\pi^-\pi^0)$
로	$\rho\ (\pi\pi)$
오메가	$\omega\ (\pi^+\pi^-\pi^0,\ \pi^0\gamma)$
케이*	$K^*\ (K\pi)$
케이 케이	KK
엔*	$N^*\ (N\pi)$
와이*	$Y^*\ (2\pi\Lambda,\ \pi\Sigma)$
와이**	$Y^{**}\ (2\pi\Lambda,\ \pi\Sigma)$
엔*	$N^*\ (\pi N)$
와이***	$Y^{***}\ (\pi\Lambda,\ \pi\Sigma,\ KN)$
크사이*	$\Xi^*\ (\pi\Xi)$
엔***	$N^{***}\ (\pi N)$

이렇게 소립자가 많이 발견되면 이 소립자들 전부가 소원물질이라고 생각할 수 없게 된다. 그럼 모든 소립자를 만들고 있는 소원물질은 무엇일까?

원자는 소립자로 구성되어 있다. 마찬가지로 모든 소립자는 몇 종류의 소원물질로 만들어졌을까? 만약 있다면 그 소원물질은 무엇일까? 어떤 방법으로 만들어졌을까? 이것은 현재 아직 미해결인 가장 중요한 문제들이다. 그러나 현재의 지식으로 상상할 수 있는 것은 모든 소립자 가운데서 만일 소원물질이 될 만한 것이 있다고 하면, 그것은 경입자족이라고 여겨진다. 경입자족 가운데서도 특히 중성미자는 거의 전부 소립자 반응 때에 나타나므로 소원물질로서의 중성미자의 연구는 중요시되고 있다.

VII. 진공의 세계에서는 〈무〉에서 〈유〉가 생긴다

1. 진공은 무(無)가 아니다

납 안도 틈새 투성이

물질이 소립자로 구성되어 있다는 것은 지금까지 얘기한 대로이다. 또 소립자에 대해서는 여러 가지 각도로 얘기해 왔다. 그럼 자연은 소립자만으로 이루어져 있을까? 소립자가 없는 상태는 아무 것도 없는 상태일까? 우주에서 소립자 전부를 소멸시켰다고 하자. 상식적으로 남는 것은 아주 공허한 진공뿐이다.

뉴턴에서 금세기 초까지의 물리학자들은 상식과 대략 같은 것을 생각하고 있었다. 진공은 물질이 존재하는 이전부터 존재하였으며, 물질이 소멸한 뒤에는 공허한 진공이 남는다고 생각했다. 즉, 진공이란 무한의 과거로부터 무한의 미래로 영구불변하게 존재하는 물질의 〈그릇〉 같은 것이라고 생각했다. 그것은 정말로 〈무(無)〉이므로 물질, 자연현상, 시간에 전혀 관계없는 것이라고 간주되고 있었다.

그런데 현대물리학은 이 생각을 180도 뒤엎었다. 진공이 중요한 물리학적 성질을 가지고 있다는 것이다. 현대물리학에 의하면 진공과 물질은 나눠질 수 없는 관계에 있다. 이 관계는 현재도 충분히 알려지고 있지 않다. 그러나 물질의 궁극적 존재로서 소원물질을 탐구해 온 물리학자들은 드디어 소립자에 이르렀고, 지금은 진공을 소립자의 배후에 있는 것으로 중요시하게 되었다. 앞에서도 얘기한 것처럼 탈레스는 「물은 모든 물체의 물질적 원인이다」라고 했다. 이후 약 2500년이 지난 오늘날 현대물리학자들은 「진공은 모든 물체의 물질적 원인이다」라고까지 주장하고 있다.

그럼 본론에 들어가기 전에 진공이란 어떤 것인지 알아보자. 지상의 공간은 공기로 채워져 있으므로 거기에는 진공이 없다고 생각하는 사람도 있다.

지상의 진공은 많은 공기 분자(약 80%가 질소 분자, 나머지가 산소 분자. 그 밖에 물, 탄산가스 등의 분자도 있다. 그것을 총칭해서 여기서는 공기 분자라고 한다)로 가득 차 있다. 공기 분자 수는 지상에서는 1㎤ 중에 약 20억의 100억 배 개가 된다.

이 공기 분자와 분자 사이에 진공이 존재한다. 한 개의 공기 분자의 반지름은 약 1억 분의 1㎝이다. 따라서 지상의 1㎤ 속에 있는 엄청난 수의 공기 분자 전부가 차지하는 부피는 겨우 약 1,000분의 1㎝가 된다. 즉, 지상의 공간에는 상상할 수 없을 만큼 많은 공기 분자가 존재하지만 그 분자의 부피에서 보면 지상의 공간이라 해도 거의 대부분은 진공이다. 또 이 공기 분자의 수는 고공으로 갈수록 감소한다. 지상 약 720㎞ 상공에서는 1㎤ 중에 약 2000억 개, 약 1,920㎞ 상공에서는 약 20억 개로 감소한다.

진공관이나 TV의 브라운관의 내부는 고진공(진공의 정도가 높은 상태. 보통 10^{-4}~10^{-1}파스칼을 가리킨다)이다. 그러나 그 고진공 속에도 1㎤에 약 300억 개의 기체 분자가 남아있다. 자연적으로 존재하는 가장 고도의 진공은 별과 별 사이의 공간이다. 거기는 거의 완전한 진공이며 기체 분자의 수는 1㎤ 중에 1개 또는 몇 개밖에 존재하지 않는다. 이것이 앞에서 얘기한 성간 물질이다.

그런데 진공은 공기 중에 존재할 뿐만 아니라, 모든 물질 중에도 있다. 예를 들면, 납(Pb)은 밀도가 높은 금속으로 알려져 있다. 그 비중은 11.3(물보다 11.3배나 무겁다)이다. 납 1㎤ 중의 납 원자 수는 330억 개의 1조 배나 된다. 그리고 납은 납 원자로 가득 차 있다. 따라서 납 안에는 원자와 원자 사이에 남은 진공은 거의 없다. 그러나 일반적으로 원자의 핵외전자는 자신의 크기에 비해 매우 광대한 공간을 차지한다. 만일 전부의 핵외전자를 될 수 있는 대로 작은 부피 속에 밀어 넣으면 그것은 납의 원자핵과 같은 만큼의 크기가 돼 버린다. 납의 원자핵은 원자 크기의 십만 분의 일 정도이다. 따라서 납의 원자를 강대한 힘으로 압축하면 압축된 납 원자의 크기는 납 원자의 십만 분의 일쯤으로 작아진다. 이렇게 생각하면 납 원자 내부도 틈새 투성이인 진공이다. 따라서 납도 그 내부는 대부분이 진공이다.

물질이 존재하지 않는 진공은 없다

우리는 특수 상대성이론으로 운동물체 내의 공간은 단축하는 것, 또 일반 상대성이론으로 물질의 존재는 만유인력에 의하여 그 주위의 공간을 휘게 한다는 것 등을 보아왔다. 그런 사실에서부터 우리는 이미 물질과 공간 및 물체의 운동과 공간이 밀접하고 나눠질 수 없는 관계에 있는 것을 알았다. 이 공간이란 것은 여기서 말하는 진공이다. 아인슈타인은 물질과 진공에 대해서 다음과 같이 말했다.

「물질이 존재하지 않는 기하학적 넓이만을 가진 진공은 존재하지 않는다. 진공은 어떤 물리학적 성질을 갖고 있고, 그 물리학적 성질을 통해서 물질과 밀접한 관계를 맺는다」

아인슈타인이 에터의 존재를 말살했을 때 벌써 이것을 생각

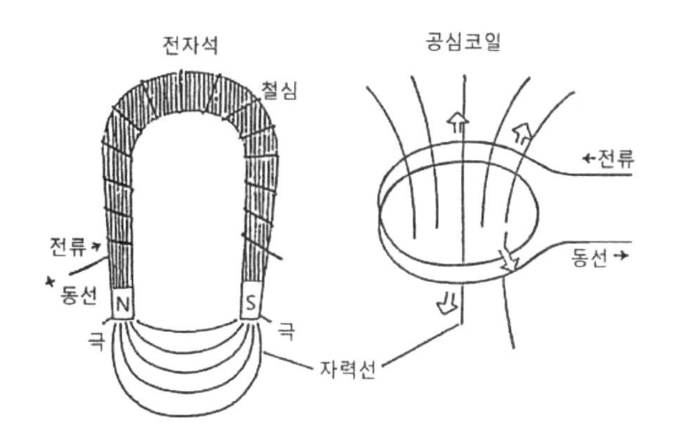

〈그림 57〉 자기장은 진공 중에 축적되는 에너지이다. 공심코일에 전류를 흘리면 동선의 코일 속에 전류에 비례한 센 자기장이 생긴다. 동선코일 속에 연철심을 넣은 것이 전자석이다. 자기장의 세기는 공심코일보다 세다

했다. 즉, 진공은 파로서의 빛을 전하는 매질의 성질을 가지고 있다는 것이다. 이 아인슈타인의 생각은 영국의 물리학자 패러데이(Michael Faraday, 1791~1867)에서 얻은 것이라는 사람도 있다. 패러데이는 일찍이 1831년에 전기력 및 자기력은 각각 하전체 및 자석 주위의 진공이 어떤 특수한 상태가 되었기 때문에 생긴다고 생각했다. 그리고 그 특수한 어떤 상태를 〈장(場, Field)〉이라고 불렀다. 하전체의 주위에는 전기장이, 또 자석의 주위에는 자기장이 생긴다고 생각하였다(〈그림 57〉 참조).

이 장의 개념은 현대물리학에서 아주 중요한 개념이다. 그리고 이 개념은 진공을 공허한 무라고 생각해서는 이해할 수 없다. 아인슈타인은 이 생각을 만유인력에 적용하여 그것이 작용

하는 공간을 만유인력장이라 불렀다. 이렇게 장은 그 물리학적 성질의 차이에 따라 여러 가지 종류를 생각할 수 있다. 장이란 어떤 것인지 알기 위해 다음에 자기장이 갖는 한 가지 재미있는 물리학적 성질을 얘기하겠다.

자기장은 진공 중에 축적되는 에너지이다. 자기장의 세기는 〈가우스〉라는 단위로 나타낸다. 센 자기장에서는 자석에 센 자기력이 작용한다. 자기장의 세기와 자기력은 비례한다. 지구 자기장의 수평방향의 세기는 한국에서 약 0.3가우스이다. 영구자석으로 만들어지는 자기장의 세기는 몇 천 가우스이다. 더 강력한 자기장은 전자석으로 만들 수 있다. 전자석은 동선(구리선)으로 만든 코일 속에 연철심(Core, 탄소 함유량 0.01% 이하의 무른 철)을 넣어서 자기장의 세기를 증대한 것이다. 보통의 전자석으로 만들 수 있는 최고 자기장의 세기는 약 2만 가우스이다. 또 특별하게 센 자기장을 만드는 방법으로는 공심코일(철심을 쓰지 않는 것)에 큰 전류를 흘린다. 이때 코일 안의 공간에 생기는 자기장의 세기는 전류의 크기에 비례하여 세진다. 이 방법으로 몇 백만 가우스 세기의 자기장을 만들 수 있다.

자기장은 진공 중에 저장되는 에너지이므로 작은 공간 안에 몇 백만 가우스의 자기장을 만들면 자기장은 아주 큰 압력으로 팽창하려고 한다. 그 자기장의 압력은 강력한 화약의 폭발력에 비길 만한 것이다(〈그림 58〉 참조).

옛날부터 화약 대신에 자기장을 쓴 〈자기포〉의 아이디어가 있었다. 그 연구가 진행되면 가까운 장래에 자기장의 폭발력은 어디엔가 이용될 것이다. 진공 중에 저장되는 자기장 에너지는 300만 가우스의 세기일 때 1㎝의 부피에 대해 약 5만 J*(줄:

〈그림 58〉 자기장으로 강력한 화약에 못지않은 압력을 만들 수 있다. 그 압력을 이용하여 대포를 만들 수 있을지도 모른다

기계적 에너지의 단위)로서 그것은 5톤 무게의 물체를 1m 들어 올릴 수 있는 에너지와 같다. 진공이 에너지를 축적할 수 있는 것은 진공이 물리학적으로 무(無)가 아닌 것을 나타내고 있다고 추정된다.

전기장도 자기장도 광자로 만들어졌다

아인슈타인에 의하면 만유인력장은 진공 공간이 휘어진 특수한 상태이다. 또 패러디에 의하면 자석 주위의 공간은 자기에너지가 축적되어 있는 진공의 특수한 상태이다. 이 〈장(場)〉과 소립자는 밀접한 관계에 있다고 본다. 그것은 어떤 관계일까? 먼저 얘기한 핵자 간에 작용하는 핵력의 설명을 다시 생각해

*역자 주: James Prsecott joule, 1818~1889

보자. 핵자 안에는 파이중간자의 구름이 있다. 두 개의 핵자가 접근하면 그 핵자 간에 서로 파이(π)중간자의 교환이 일어난다. 그리고 그 교환에 의하여 교환력이 생긴다. 이것이 핵력의 본질이었다. 이 핵력은 다음과 같이 나타낼 수도 있다. 핵자의 주위에는 핵자장이라는 공간의 특수한 상태가 있다. 두 개의 핵자는 두 개의 전자가 전기장에 의하여 힘을 미치듯이 핵자장(核子場)에 의하여 서로 끌려 결합한다고 생각한다.

즉, 핵력이라는 하나의 현상을 두 가지 표현으로 설명할 수 있다. 하나는 핵력은 핵자장에 의한 힘이며, 다른 하나는 핵력은 파이중간자의 교환력에 의한 힘이라는 것이다.

두 가지 표현을 합치면 핵자장은 파이(π)중간자라는 소립자에 의해서 만들어진다고 할 수 있다. 전기장, 자기장 및 만유인력장에 대해서도 유사한 표현을 써서 이론적으로 말할 수 있다. 즉, 전기장, 자기장은 광자로 만들어졌다고 말할 수 있다.

전기장은 하전입자 주위의 공간에 생기는 것이다. 두 개의 하전입자는 이 전기장을 통해서 서로 힘을 미친다. 이 힘을 전기력이라고 한다. 이것은 전기력을 〈장〉이라는 개념으로 설명한 것이다. 전기력을 장이라는 개념을 쓰지 않고 소립자로 설명할 수 있다. 하전입자는 항상 가상과정에서 광자를 방출하거나 흡수하고 있다. 두 개의 하전체가 접근하면 그 광자를 서로 교환한다. 그 결과, 두 개의 하전입자는 교환력으로 서로 힘을 미친다.

하전입자가 항상 광자를 방출하거나 흡수하고 있다면 하전입자는 빛날 것이라고 생각하는 사람이 있을 것이다. 예를 들면 하전입자의 하나인 전자에 대해서 생각해 보자. TV의 브라운관

〈그림 59〉 가난뱅이는 털어도 돈이 나오지 않는다. 나온다면 어딘가 돈을 감추고 있기 때문이다. 전자를 털면 광양자가 나오지만 이것도 전자가 광양자를 가지고 있기 때문이다

의 전자총에서 전자류가 발사되고 있다. 이 전자류는 빛나지 않는다. 전자류는 브라운관 전면의 형광판에 충돌하고 비로소 빛을 발한다. 이렇게 전자류는 등속도로 운동하고 있을 때는 전혀 빛을 내지 않는다. 그 까닭은 전자 주위의 광자는 앞에서 얘기한 핵자 내의 파이중간자처럼 가상과정으로 존재하고 있기 때문이다. 이 광자를 꺼내서 눈에 보이게 하는 방법은 한마디로 말해서 전자를 가속도운동 시키는 것이다. 예를 들면, 날고 있는 전자에 어떤 방법으로 제동을 걸어 그것을 멎게 한다. 그러면 전자가 가지고 있던 운동에너지가 전자의 주위에 가상과정으로 존재하는 광자에 주어져서 광자는 자유의 몸이 되어 튀어

나간다. 그리고 그 광자(이것의 파의 모습이 전자파이다)는 우리의 눈에 밝기를 느끼게 할 수 있다. 소립자이론에 의하면 전자가 가속도운동을 하여 전자에서 광자가 나온 것은 전자의 주위에 항상 광자가 가상과정으로 존재하기 때문이라고 해석한다.

이것은 비유적으로 말하면, 진짜로 돈이 없는 가난한 사람은 아무리 협박해도 돈이 나오지 않는다. 그러나 얼핏 가난하게 보이는 사람이라도 만약 그를 협박해서 돈이 나오면 그는 진짜 가난한 사람이 아니고 돈을 어떻게든지 갖고 있었다고 생각할 수밖에 없다. 그러므로 전기장은 광자로 만들어진다고 생각된다(〈그림 59〉 참조).

자기장이란 자석의 주위에 생기는 것이다. 두 개의 자석은 이 자기장을 통해서 서로 힘을 미친다. 이 힘이 자기력이다. 이 경우도 전기장의 경우와 마찬가지로 자기장을 생각하지 않고, 자기력의 설명을 할 수 있다. 자기장도 가상과정의 광자로 만들어졌고 자기력은 그 광자의 교환력이라고 해석된다. 물리학적으로 보면 전기장과 자기장의 본질은 같은 것이다.

그럼 만유인력장은 어떤 소립자로 만들어졌을까? 이것은 대단히 흥미로운 문제이다.

만유인력은 소립자의 흐름이다

1959년 영국의 이론물리학자 디랙(Paul Adrien Maurice Dirac, 1933년 노벨물리학 수상자)은 만유인력은 중력자(Graviton)라는 소립자로 만들어진다는 이론을 발표하였다. 그 이론은 아직 실험적으로 검증되지 않았지만 다음과 같다. 전자가 가속도운동을 할 때 전자파가 나온다. 마찬가지로 물체가 가속도운동을 할 때 만유인력파를 낸다. 그리고 광속도로 진공 중을 전파한다. 전자파가 광자의 흐름이었던 것과 같이 만유인력파는 중력자의 흐름이라는 것이다(파의 모습이 만유인력파이며, 입자의 모습이 중력자이다).

만유인력파는 어디서 발생할까? 그 보기로서 지구를 생각해 보자. 앞에서 얘기한대로 전자가 전자가속기 속에서 회전운동을 하여 싱크로트론 방사선을 낸다. 그런데 지구는 태양의 주위를 회전운동(공전)하고 있다. 따라서 전자 경우의 유추에서 지구로부터 만유안력파가 방출되고 있다고 생각된다. 그리고 지구는 운동에너지를 소모하여 속도가 늦어진다. 속도가 늦어지면 지구는 나선궤도를 그리면서 태양에 가까워지고 드디어 태양에 빨려 들어가 버린다. 이 현상은 앞에서 얘기한 불덩어리 같은 원자(Ⅲ-3. 가운데 '별도 지구도 사람도 플랑크상수 덕분에 존재한다' 참고)와 비슷하다.

그러나 지구가 태양에 빨려 들어갈 걱정은 없다. 디랙의 이론에 의하면 지구는 10억 년간 태양의 주위를 공전하였어도 겨우 100만 분의 1㎝만 태양과 가까워졌을 뿐이기 때문이다. 만유인력파의 방출은 아주 조금씩밖에 일어나지 않는 현상으로 보인다. 그래서 만유인력파의 존재는 천문현상에서는 실제로 무시해도 된다.

이렇게 진공의 특수한 상태인 장과 소립자 사이에는 밀접한 관계가 있다고 여겨지고 있다. 바꿔 말하면 진공과 소립자 사이에 간접적인 관계가 있다는 것을 보여주는 것이다. 그럼 장이 존재하지 않는 진공과 소립자 사이에는 직접적인 관계는 없을까? 관계가 있다. 거기에 대해서 아주 기상천외한 이론을 얘기하겠다. 이것은 단순한 공상이 아니다. 오히려 자연의 한없는 깊이와 그것에 도전하는 현대물리학의 본질을 보여주는 것이다.

2. 자연은 한없이 깊다

전자를 순간적으로 없애는 것

1932년 캘리포니아 공과대학의 앤더슨 교수(Carl David Anderson, 1936년 노벨물리학 수상자)는 윌슨 안개상자를 써서 우주선 입자의 본질에 대해서 연구하고 있었다. 그때 그는 기묘한 소립자의 존재를 발견하였다. 그 소립자는 질량 및 그 밖의 물리학적 성질은 전자와 같았지만, 단지 그 소립자가 가지고 있는 전기의 부호만이 정반대였다. 즉, 그 소립자는 음전기 대신 양전기를 가진 전자였다. 물질 속에 존재하는 전자는 핵외전자는 물론 모두 음전기를 가진 것뿐이다. 그래서 앤더슨은 이 양전기를 가진 전자를 양전자(Positron)라고 이름 붙였다.

이 양전자는 전자와 충돌하면 순간적으로 소멸하고 두 개의 감마(γ)선으로 변하는 것을 알았다. 이 현상은 전자쌍소멸(Annihilation of Electron-Pair)이라고 부른다. 또 한 개의 고에너지 감마선(전자의 질량에너지의 2배 이상의 에너지를 갖는 것)은 원자핵 근처의 진공 중에서 전자와 양전자의 한 쌍으로 변하는 것도 알았다. 이것을 전자쌍생산(Electron-Pair Creation)이라 한다. 이렇게 전자에 대해서 양전자가 존재하는 것은 양성자에 대해서 음전기를 가진 양성자(반양성자라고 부른다)의 존재를 상상하게 했다. 그러나 반양성자의 존재는 양전자처럼 간단하게 발견되지는 않았다. 반양성자의 존재가 발견된 것은 1955년이었다. 캘리포니아 대학의 세그레 교수(Emilio Segre, 1959년 노벨물리학 수상자) 등이 고에너지 양성자가속장치 베바트론(Bevatron)을 써서 발견하였다.

그 후 최근까지의 연구결과로, 모든 소립자에는 쌍을 이루는 입자와 반입자가 존재하는 것을 알았다. 단지 광자와 중성 파이(π)중간자만은 예외로서 한 개가 입자와 반입자를 겸하고 있다. 이들 한 쌍의 입자의 뚜렷한 성질은 만일 둘이 충돌하면 그 한 쌍은 순간적으로 소멸하고 다른 소립자로 변하는 것이다. 그리고 그 소립자는 붕괴하고 마지막에는 감마(γ)선, 중성미자 및 전자의 어느 것이나 또는 전부로 변해버린다〔전자쌍소멸의 경우만은 앞에서 얘기한대로 곧 두 개의 감마선(γ)이 된다〕.

그럼 왜 입자와 반입자가 존재할까? 여기에 대해서 디랙이 한 설명은 참으로 기상천외한 이론이라 하겠다.

진공은 소립자로 만원이다

앤더슨이 양전자를 발견하기 4년 전에 디랙은 전자의 운동을 완전히 말할 수 있는 상대론적 파동방정식을 알아냈다. 그런데 이 방정식을 풀면 기묘하게도 전자(음전자)의 에너지에는 플러스와 마이너스의 두 종류가 있다는 결과가 나왔다. 이것은 앞의 전기적 성질의 플러스(+), 마이너스(-)와는 다르다. 이 결과에 대해서 디랙은 여러 가지를 생각한 끝에 다음과 같은 결론에 이르렀다.

『우주의 진공은 마이너스(-) 에너지의 전자로 완전히 가득 차있다.

그러나 진공은 플러스(+) 에너지의 전자로는 완전히 차지 않는다.

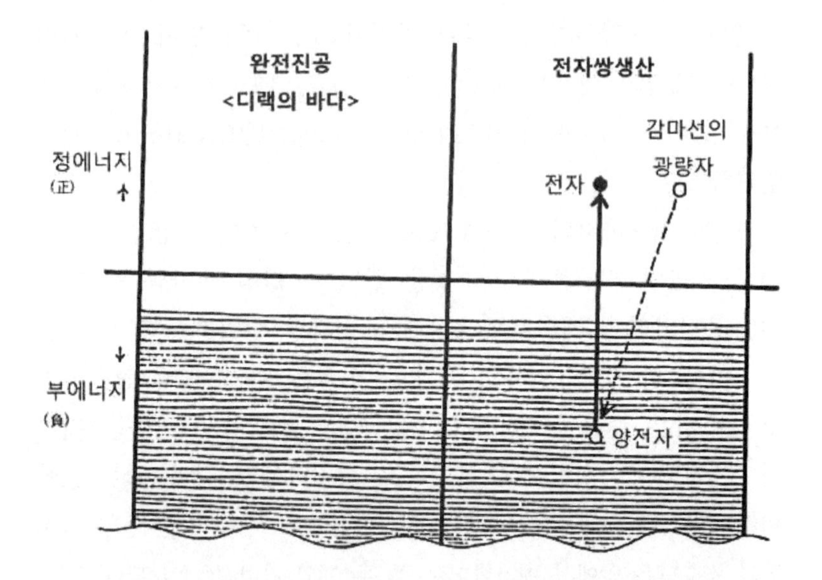

〈그림 60〉 진공에서 소립자가 태어난다. 진공은 마이너스 에너지의 전자로 완전히 차 있다. 고에너지 감마선으로 진공을 비치면 감마선은 마이너스(-) 에너지의 전자와 충돌하고, 감마선의 에너지는 마이너스(-) 에너지의 전자로 이동하여 플러스(+) 에너지의 전자가 진공에서 튀어나온다. 마이너스(-) 에너지 전자의 빈껍데기가 양전자가 된다(전자쌍생산)

그리고 우리가 알 수 있는 전자는 플러스 에너지의 전자이다』

이 생각에 따르면 플러스 에너지의 전자는 진공을 완전히 채우지 않으므로 아직 진공 속에 얼마든지 들어갈 수 있는 여지가 있다. 그런데 마이너스 에너지의 전자는 진공을 가득 채우고 있으므로 그 이상 진공에 들어갈 여지가 없다. 그런데 마이너스 에너지의 전자 한 개를 진공에서 빼내서 플러스 에너지의 전자로 할 수 있다고 추정된다. 그 방법은 고에너지의 감마선으로 진공을 비추는 것이다. 그러면 그 감마선은 진공 중의 마이너스 에너지의 전자 한 개에 충돌하여, 감마선의 전체 에너지가 그 전자의 마이너스 에너지에 플러스된다. 감마선의 에너지가 충분히 크면, 충돌된 전자는 플러스의 에너지를 가지게 될 것이다. 디랙은 이런 방법을 쓰면 지금까지 진공에 존재하지 않았던 플러스의 에너지를 가진 한 개의 전자가 나타난다고 생각하였다.

이런 일이 생긴다면, 그때 진공 중에 마이너스 에너지 전자의 빈껍데기 한 개가 생길 것이다. 그 빈껍데기는 기묘한 성질을 가지고 있다. 빈껍데기의 주위는 마이너스의 에너지의 전자로 가득하다. 그래서 빈껍데기는 상대적으로 그 주위에 대해서 플러스의 에너지를 가지고 있는 것처럼 보일 것이다. 또 빈껍데기 주위의 마이너스 에너지의 전자는 음전기를 가지고 있다. 따라서 빈껍데기는 그 주위의 음전기에 대해서 상대적으로 양전기를 가지고 있는 것처럼 보일 것이다(〈그림 60〉 참조).

마이너스 에너지의 전기로 가득 찬 진공은 이를테면 물과 같다. 그리고 진공에 생긴 빈껍데기는 물속의 기포와 같다. 물속의 금붕어는 기포를 하나의 실재물(實在物)로 볼 것이다. 마찬가지로 진공의 빈껍데기는 우리에게는 플러스 에너지와 양전기를 가진 전자, 즉 양전자이다. 앞에서 얘기한 양전자의 존재는 이 디랙의 생각이 옳다는 것을 실증한 것이었다. 디랙이 이런 증명을 했기 때문에 이 진공을 〈디랙의 바다(Dirac's Ocean)〉라고 하기도 한다. 양전자는 〈디랙의 바다〉에 생긴 기포로 비유할 수 있다.

지금 얘기한 것은 전자에 관해서이다. 그렇지만 그 밖의 모든 소립자에 대해서도 전자의 경우와 거의 같다. 즉, 진공은 마이너스 에너지를 가진 모든 소립자로 가득 차 있다고 할 수 있다. 그리고 반입자란 양전자의 경우처럼 진공으로부터의 빈껍데기 또는 〈디랙의 바다〉의 기포라고 생각된다.

우리 눈앞의 진공, 몸속의 진공도 마이너스 에너지의 소립자로 가득 차 있다. 그런데도 우리가 아무 저항도 받지 않고 움직일 수 있고 또 가시광선의 광자가 관통할 수 있는 것은 진공을 채우고 있는 소립자가 큰 마이너스 에너지를 가지고 있기 때문이다. 가시광선의 광자는 에너지가 작고, 따라서 마이너스 에너지의 소립자를 플러스 에너지까지 올릴 수 없다. 그래서 가시광선은 진공 사이를 나갈 수 있다. 이 디랙의 이론으로 보면 진공은 〈무(無)〉가 아니라는 것을 잘 알 수 있다. 진공은 오히려 거꾸로 모든 소립자를 낳는 모체(母體)이다.

현대물리학은 감각으로 잡을 수 없는 하나의 예술이다

지금까지의 설명으로 진공의 본질을 이해할 수 있을까?

상식이 찾고 있는 것은, 진공의 도해적(圖解的)인 기계적 구성이다. 우리의 상식뿐만 아니라 금세기 초의 물리학자들도 마찬가지로 생각했다. 그 무렵의 물리학자 중에는 도해할 수 없는 것은 이해할 수 없다고 한 사람도 있다. 그런 생각을 가지는 한, 초감각적인 자연의 영역을 물리학적으로 이해하는 것은 벌써 불가능하다는 것을 알게 되었다. 물리학은 자연을 수학적으로 이해하는 방향으로 나가게 되었다. 이것이 현대물리학의 특징이다. 앞의 디랙의 이론이 좋은 보기이다.

그렇다고 해도 디랙의 이론은 너무 인위적으로 보일지 모르겠다. 이것도 현대물리학의 특징이다. 현대물리학의 이론은 인

〈그림 61〉 물리학은 인간의 상상력에서 생긴 창작품이다. 그러나 예술과 달라 감각으로는 잡을 수 없다

간의 창작품이라는 반면(半面)도 가지고 있다. 예를 들면, 소립자가 실재한다는 뜻과 달이나 산이 실재한다는 뜻은 결코 같지 않다. 산이나 달이 실재하는 것은 우리의 감각을 통해서 직접적으로 알 수 있다. 그러나 소립자가 실재하는 것은 직접적으로 감지할 수 없다. 예를 들면 비적지시장치로 전자의 비적을 볼 수 있지만 그 비적을 만든 무엇이 실재하고 그것이 전자인 것은 물리학의 이론을 떠나서 알 수 없다. 전자는 색, 냄새, 모양 등 감각으로 알 수 있는 것을 가지고 있지 않기 때문이다. 따라서 소립자는 인간의 창작품이다. 그러나 그림이나 조각과 같은 창작품과는 전혀 다르다. 소립자의 물리학적 성질은 사람이 측정기계로 직접적으로 측정할 수 있는 물리학적 양과 직접적 또는 간접적으로 연결되어 있다. 따라서 자연 자체의 구조

에서 완전히 동떨어진 창작품은 아니다(〈그림 61〉 참조).

생각할수록 이 문제에 깊이가 있다. 이런 사고방식에 의하면 마이너스 에너지란 현대물리학 이론의 창작품적 경향이 강하게 나타난 것이라고 풀이할 수 있다. 이 경향은 소립자 이론에서 더욱 강하게 나타나고 있다. 소립자 자체가 감각적 요소를 갖지 않으므로 이 경향은 어쩔 수 없다.

하이젠베르크는 이런 경향을 수학에서의 허수(-1의 제곱근)의 도입과 비유하고 있다. 허수는 실재하지 않는다. 그러나 허수의 도입에 의하여 대수계산을 아주 단순화시키고 그 능률을 올릴 수 있었다.

만유인력도 차단할 수 있다

우리가 사는 세계에서는 입자만이 모여 원자가 만들어진다. 그럼 반입자만으로 반원자를 만들면 어떻게 될까? 현재의 양성자가속장치로는 반양성자, 반중성자 및 양전자를 쉽게 만들 수 있다. 따라서 이 세 가지 반입자로 반원자를 만드는 일은 원리적으로는 가능하다. 또 반원자가 만들어지면 반원자에서 반분자를 만들 수도 있다. 그러나 가령 반원자 및 반분자를 만들어도 그들을 보통 물질의 그릇에 넣어둘 수는 없다. 반원자 및 반분자는 보통 물질에 접촉되면 그 순간에 소멸하여 전자, 중성미자 및 광자로 변해 버리기 때문이다. 그때 발생하는 총에너지는 같은 양의 원자·수소폭탄의 폭발 에너지의 몇천 배나 크다.

진공의 성질을 생각해 가는 가운데 다다른 이런 반입자, 반원자 및 반분자에 대한 생각은 매우 흥미 있는 문제이다. 이들 반물질과 보통 물질 사이에 작용하는 만유인력은 인력이 아니고 척력(斥力)일지도 모른다는 상상이다. 아인슈타인의 만유인력이론에 의하면 만유인력은 공간 자체의 성질이며 물질의 종류에는 관계없다. 따라서 보통 물질과 반물질 사이의 만유인력은 역시 인력일 것이다.

과연 그 이론대로 될지 안 될지는 실제로 실험해 보지 않으면 모른다. 그 실험은 아직 실시되지 않고 있다. 만약 인력 대신 척력이 작용하면 아인슈타인의 만유인력이론이 부정될 뿐만 아니라, 반물질을 써서 인력 차단이 원리적으로 가능하게 된다(만유인력은 모든 물질을 완전히 관통할 수 있다. 현재까지 알려진 바로는 만유인력을 차단하는 방법은 없다).

극미의 세계로부터 다시 거대한 우주로 눈을 돌려 보자. 거기에는 거의 완전에 가까운 진공공간이 있다. 그 공간 내에 반원자가 존재할 수 있을 것 같다. 만일 반원자가 존재해도 보통 원자와 충돌해서 소멸해 버릴 기회가 적을 것이다. 우주공간의 반입자는 우주선에 의하여 조금씩 만들어지고 있다. 그러나 다량의 반원자가 만들어질 만큼은 아니다. 그러므로 갖가지 우주현상에서 추론하면 은하계 내에 반원자가 존재한다 하더라도, 그 양은 보통 물질량의 1000만 분의 1 이하라고 한다. 그 때문에 은하계 내에 반물질로 된 별이 존재할 것이라는 공상은 전혀 있을 수 없다고 생각된다. 관측결과도 그것을 말해주고 있다. 만약 은하계 내에 반물질의 별이 존재하면 당연히 그 별 근처의 공간에는 반양성자가 많이 산재할 것이다. 그러면 보통 별에서 방출되고 있는 양성자 및 성간물질 중의 양성자와 그 반양성자가 충돌하고 소멸하여 고에너지의 감마선이 다량으로 발생해야 할 것이다. 미국에서 인공위성 익스플로러11(Explorer XI)에 고에너지 감마선 검출장치를 싣고, 우주공간으로부터 날아오는 감마선을 관측하였다. 그 결과 반물질의 별에서 발생하고 있다고 생각할 수 있을 만한, 다량의 감마선은 관측되지 않았다.

언제나 전파를 발사하고 있는 전파성운

시야를 전 우주까지 넓히면 어떻게 될까? 일부 천문학자 및 물리학자들은 한 개의 성운(구름 모양으로 퍼져 보이는 천체. 기체와 작은 고체 입자로 구성되어 있다) 전부가 반물질로 되어 있을 가능성을 말하고 있다. 그 가능성의 근거는 전파성운에서 발사되고 있는 강한 전파의 에너지원이다.

1932년 벨* 전파연구소의 잰스키(Karl G. Jansky, 1905~1950)가 처음으로 우주에서 지구로 날아오는 전파의 존재를 알아냈다. 그 무렵에는 그 전파를 은하계의 많은 별에서 발사되고 있는 전파잡음이라고 생각했다. 그런데 한참 후 강한 전파가 은하계 안의 특수한 별 및 은하계 밖의 특수한 성운(전파성운)에서 발사되고 있는 것을 알았다. 그 가운데서도 반물질과 관련해서 특히 흥미가 있는 것은, 특별히 강한 전파를 발사하고 있는 전파성운이다. 현재까지 잘 알려진 전파성운의 수는 45개나 된다.

전파성운에서 오는 전파는 보통 별에서 일어난 고온플라즈마(Plasma, 고온의 이온과 전자의 혼합물)의 열적교란에서 발사된 전파와 다른 것을 알아냈다. 전파성운에서 오는 전파는 초고에너지의 전파가 자기장 안에서 나선운동을 할 때에 전자에서 발사되는 싱크로트론 방사선이다. 싱크로트론 방사선은 보통 별

*Alexander Graham Bell, 1847~1922

〈그림 62〉 처녀자리 M87(Messier87). 전파성운에서 한줄기 제트흐름이 나오고 있다. 이 제트흐름은 반성운일지도 모른다 [출처: NASA]

의 내부에서 생기는 전파보다도 파장이 길기 때문에 구별할 수 있다. 그런데 이 전파성운에서 오는 싱크로트론 방사선은 우주의 다른 곳에서 오는 싱크로트론 방사선에 비해서 엄청나게 강도가 세다. 이상의 사실에서 전파성운의 내부에서는 거대한 에너지가 해방되어 그것이 막대한 전자파 에너지와 고에너지 전자가 되어 무한한 공간으로 방출되고 있다고 결론지어졌다.

가장 흥미로운 점은 그 거대한 에너지원이 무엇인가 하는 것이다. 현재 물리학자가 알고 있는 별의 내부에서 일어나고 있는 에너지원은 원자핵융합반응 및 만유인력에 의한 수축이다. 그런데 전파성운에서 오는 전파에너지는 이미 알려진 에너지원으로 설명할 수 없을 만큼 크다.

광학망원경으로 보면 전파성운 가운데 어떤 것은 매우 흥미로운 모습을 하고 있다. 강력한 전파성운의 하나로, 백조자리

A(Cygnus A)라고 부르는 것이 있다. 이 성운은 지구에서 적어도 2억 7000만 광년이나 먼 곳에 있는데도, 지구에 강력한 전파가 도달하고 있다. 특히 흥미로운 점은, 이 성운은 단일한 것이 아니고 충돌하려고 하는 두 개의 성운이라는 것이다. 그리고 물리학자들은 두 개 중의 하나가 반물질로 된 반성운일지도 모른다는 환상적인 상상을 하고 있다. 처녀자리 M87(Messier 87)도 특히 흥미로운 강력한 전파성운의 하나이다(〈그림 62〉 참조). 이 성운은 얼핏 보아 보통 성운처럼 보인다. 그러나 자세히 관찰하면 그 성운 속에서 한줄기 빛나는 제트흐름 같은 것이 나오고 있다. 이 제트흐름이 반성운일지도 모른다. 그것과 보통 성운이 충돌하여 순차적으로 소멸하면서 센 전파와 빛을 내고 있는지도 모른다.

우주는 한 개의 소립자에서 태어났다

우주가 태어났을 때 성운과 반성운이 동시에 태어났다고 하면 이 둘은 생산과 동시에 재빨리 분리되었다고 생각해야 한다. 그렇지 않으면 서로 소멸해버렸을 것이기 때문이다. 그럼 만약 우주에 반성운이 존재한다고 하면 어떤 방법으로 만들어졌을까? 어느 물리학자는 다음과 같이 추리하였다.

『우주는 한 개의 우주소립자에서 태어났다. 우주소립자는 우주자와 반우주자의 두 개로 분리하여 이 둘은 재빨리 떨어져 날아가 버렸다. 우주자 쪽은 분열하여 우리가 살고 있는 우주가 되고 반우주자 쪽도 분열하여 반성운의 집단으로 된 반우주가 되었다. 반우주 쪽은 우주에서 관측할 수 없는 먼 곳에 있다. 그러나 거기에서 반성운의 일부가 우리가 살고 있는 우주에 흘러들어오고 있다. 이런 반성운이 전파성운에서 볼 수 있는 것 같이 충돌하려고 하는 두 개의 성운 가운데 하나이다』

이 추측에는 천문학적인 결정적인 입증은 없다. 그러나 유쾌한 공상이다. 과학의 이론은 완전한 실증이 필요하다. 그러나 완전한 이론이 단번에 태어나는 것은 아니다. 거기에 다다르기 전에 긴 과정이 있고 그 앞의 과정이 추측(Speculation) 시대이다. 추측 시대를 바꿔 말하면 과학적 공상을 비웃는 사람은 어린이를 낳지 않고 단번에 어른을 낳으려는 사람이다. 일반적으로 진실보다 헛소문이 더 재미있는 것처럼 진리보다도 공상 쪽이 재미있는 경향이 있다. 공상은 그즈음의 사상에 공명되는 법이다. 그러나 진리는 공명하지 않는다. 진리는 그것을 이해하기 위해서 무서운 노력을 필요로 하는 경우가 많다. 따라서 편하다고 추측에만 치우치는 것은 금물이다.

반우주는 정말 존재할까?

반성운의 유무(有無)는 어떻게 알 수 있을까? 가능성 있는 방법의 하나로, 각 성운에서 지구로 날아오는 중성미자를 조사하는 것이다. 보통 별은 양성자와 양성자가 융합반응을 일으킬 때 빛과 함께 다량의 중성미자를 방출하고 있다. 이 중성미자는 정(正)의 중성미자이다. 별에서 나오는 중성미자의 대부분은 이렇게 방출된다. 그러므로 반성운 중의 반성(별)에서는 반양성자와 반양성자가 융합반응을 일으켜서 반중성미자를 방출할 것이다. 성운에서 날아오는 중성미자를 지상에서 검출하여 반중성미자만을 특히 다량으로 방출하고 있는 성운을 찾았다면 그 성운은 반성운이고 그것은 반물질로 만들어진 세계라고 추정된다.

중성미자의 검출을 실제로 할 수 있을까? 앞의 아이디어는 고양이 목에 방울을 다는 이야기가 아닐까? 성운에서 날아오는 중성미자의 검출은 아직 누구도 성공하지 못했다. 그러나 가능성이 있는 것은 1956년 미국의 라인(Joseph Banks Rhine)과 코원(Eugene W. Cowan)의 노력에 의해 실증되었다.

그들은 사바나(Savannah)강의 세계 최대의 원자로에서 방출되고 있는 다량의 반중성미자를 직접적으로 검출하는 데 성공하였다. 이 반중성미자의 밀도는 우주에서 지구에 날아오는 우주 중성미자의 약 30배나 높은 것이었다. 밀도가 높을수록 중성미자 검출은 용이하다. 검출된 중성미자는 다수의 중성미자 중의 극히 작은 부분이다. 따라서 중성미자의 밀도가 낮으면 검출하는 데 긴 시간을 요한다. 그들 실험의 반중성미자검출의 원리는(VI-3. '수사관도 물리학자도 발자국에서 범인을 추적한다' 각주 참고)에서 설명한 반응식 ⑤의 역반응의 일종을 이용한 것이다. 입자와 반입자를 구별하여 이 반응을 나타내면

$$\text{반중성미자} + \text{양성자} \rightarrow \text{중성자} + \text{양전자}$$

가 된다. 이 식의 뜻은 반중성미자가 양성자와 충돌하여 중성자의 양전자가 된다는 것이다. 이 반응을 이용하는 중성미자의 검출장치의 주체는 간단한 물탱크이다. 물 분자는 수소원자와 산소원자로 이루어지고 두 원자의 핵 안에 양성자와 중성자가 존재한다. 요컨대 물탱크는 탱크에 날아오는 중성미자에 대해서 양성자의 표적을 제공하고 있다.

만약 물탱크 안에 중성자와 양전자가 동시에 발생하면 그것은 반중성미자가 날아와서 물속의 양성자에 충돌한 것을 나타

낸다. 중성자와 양전자가 물속에서 발생한 경우, 입자검출장치로 쉽게 검출된다. 만약 물탱크 안에 중성자와 양전자가 동시에 단 한 번 발생한 것을 검출하여도 반중성미자가 물탱크 안에 많이 날아온 것을 증명한 것이 된다. 이 충돌은 아주 일어나기 어렵고 극히 다수의 반중성미자 가운데서 한 개만이 양성자와 충돌하여 앞의 반응을 일으킨다. 이것은 다음 숫자로도 짐작이 간다.

핵자는 크기가 대략 반지름이 1조 분의 1㎜인 공이다. 중성미자와 핵자의 반응이 한 번 일어나기 위해서는 이 반지름이 1조 분의 1㎜인 극미의 공에 100조의 1,000배 개의 중성미자가 충돌할 필요가 있다. 이것으로 보아 중성미자와 반응하는 핵의 부분이 아주 작다고 풀이할 수도 있다. 핵자의 구조는 심지어 그것을 둘러싸는 파이(π)중간자 구름이었다. 중성미자와 반응하는 부분은 그 심지 내부의 일부분에 있을지도 모른다. 따라서 물탱크로 중성미자를 검출할 때는 될 수 있는 대로 큰 탱크를 사용하는 것이 효율적이다.

이 방법은 물탱크를 충분히 크게 하면, 그대로 우주에서 날아오는 반중성미자 검출에 이용할 수 있다. 물탱크를 충분히 크게 하는 것은 동시에 입자검출장치도 크게 하는 일이 될 뿐 아니라 실제로 갖가지 기술적 어려움이 따른다. 따라서 우주에서 날아오는 중성미자 검출장치로서는 이 방법은 적당하지 않다. 장차 우주 중성미자 검출을 위한 더 좋은 방법이 발견되어 반성운의 존재에 관한 문제나 우주팽창에 얽힌 수수께끼 등을 풀 수 있는 날이 올 것이다.

물리학자들은 원자로에서 검출한 중성미자가 아닌, 다른 중성미자도 잡는 데 성공하였다. 우주선에 의해서 만들어지는 중성미자와 인공우주선에 의해서 만들어지는 중성미자를 잡는 데도 성공하였다. 그리고 중성미자에는 한 종류가 더 있는 것을 알아냈다. 그것에도 중성미자 및 반뉴트리노가 있으므로 이것까지 셈에 넣으면 중성미자에는 네 종류가 있게 된다.

물리학을 진보시키는 것은 지식보다 상상력

물리학자들은 지름이 100억 광년의 우주에서 지름이 1조 분의 1㎜의 극미의 세계까지 알게 되었다. 그들이 알아낸 지식의 핵심은 자연의 구조는 단일하지 않다는 것이다. 바꿔 말하면 거대한 우주는 감각 세계의 확대도(擴大圖)가 아니었고, 또 극미의 세계도 감각 세계의 축소도가 아니었다는 것이다. 우리가 공리(일반 사람과 사회에서 두루 통하는 진리나 도리)라고 믿어 왔던 것조차도 우리의 좁은 감각 세계에서의 경험적 지식에 지나지 않는 경우가 많다.

현대물리학의 자연에 대한 이해의 깊이는 뉴턴 시대와는 비교할 수 없다. 그 이해의 정도가 깊어질수록 뉴턴의 말이 더욱 진실성을 띠고 있다고 생각된다. 뉴턴은 『나는 해변에서 놀고 있는 어린이에 지나지 않는다. 진리의 큰 바다는 그 어린이 앞에 탐구되지 않은 채 가로놓여 있다』고 했다. 현대물리학자도 이와 같은 어린이에 지나지 않는다. 미지의 세계는 지금 다시 우리 앞에 가로놓여 있다. 거기에는 사람에게 실로 중요한, 또 우리가 모르는 자연의 진리가 숨어 있다.

그렇다고 해도 현대물리학의 지식을 경시하는 것은 아주 위험하다. 현대물리학은 그 연구된 범위 안에서는 매우 정확한 지식을 제공해 주기 때문이다. 이만큼 믿을 수 있는 지식은 딴 데는 없을 것이다. 특히 물리학의 기본법칙에 반하는 현상은, 감각 세계에서 절대로 일어나지 않는다고 해도 결코 과언이 아니다. 만약 그런 현상이 일어난다고 하면 그것은 물리학자가 아직 연구하지 않은 모르는 세계에서 일어난 일일 것이다.

끝으로 물리학의 연구에 대해서 한마디 덧붙이겠다. 물리학이 이렇게 시야가 넓고 또 깊어질 수 있었던 한 가지 원인은, 물리학자가 수학과 기계를 교묘하게 이용하는 재주를 터득한 데 있다. 또 한 가지 매우 중요한 원인이 있다. 그것은 물리학자가 아직 모르는 자연을 이해하기 위해 상식이나 편견 등을 버리고 자연에 합치하는 새로운 사고방식(아이디어)을 찾아낸 것이다. 상대성이론, 불확정성 원리 등이 가장 좋은 예일 것이다. 이 새로운 아이디어를 찾아내는 방법은 상상력을 불러일으키는 일이다. 앞에서 얘기한 것처럼 아인슈타인도 「지식보다도 상상력 쪽이 훨씬 중요하다」고 했다.

맑은 하늘을 쳐다볼 때 우리는 무한히 깊은 우주공간과 직접 대하고 있다. 우주의 한없는 깊이에 대항하여 우리의 상상력도 또 무한한 힘을 갖는다. 이것이 최상의 아이디어라고 느껴지더라도 거기에서 공상을 멈추지 않고 더 계속해 본다. 그러면 다시 그 이상의 좋은 아이디어가 떠오를 것이다. 단지 생각하고만 있다면 상상력은 멈춰버린다. 상상력을 한없이 발전시키는 방법은 상상력으로 얻은 아이디어를 실험하는 것이다. 아이디어가 틀렸을 때, 실험의 결과는 실패가 된다. 그러나 실패로 뒷걸음질해서는 안 된다(〈그림 63〉 참조).

물리학의 연구에는 이론적 연구와 실험적 연구가 있다. 어느

〈그림 63〉 실패를 무서워해서는 안 된다. 몇 번이라도 실패한 사람이 진짜 전문가이다

쪽이든 연구에는 실패가 따르기 마련이다. 실패했을 때 자기 실패의 원인을 냉정하게 살펴볼 만한 용기가 필요하다. 그리고 그 실패의 배후에 가려진 성공의 싹을 발견하는 노력이 가장 필요하다. 연구자는 실패에 의해서만 귀중한 지식을 얻어 아이디어를 무한히 발전시킬 수 있다.

닐스 보어(Niels Bohr, 1885~1962)는 「전문가란 일어날 수 있는 가능성이 있는 모든 실패를 경험한 사람이다」라고 했다.

이 말이 우리의 용기를 북돋아 준다. 물리학의 연구뿐만 아니라 다른 분야의 모든 일에 종사하는 사람에게도 중요한 뜻을 가질 것이다.

양자역학을 중심으로 한 연표

1859	열복사의 법칙(키르히호프)
1864	전자기학의 기본식(맥스웰)
1869	원소의 주기율표(멘델레예프)
1879	열복사의 법칙(스테판)
1884	수소의 발머계열(발머)
1890	스펙트럼선 공식(유드베리)
1893	복사의 변위법칙(빈)
1895	흑체(빈)
1896	열복사 공식(빈) 방사선(베크렐) 전자(톰슨)
1900	복사의 공식(레일리) 복사의 공식(플랑크) 양자가설(플랑크)
1904	원자모형(톰슨) 원자모형(나가오카 한타로)
1905	광양자가설(아인슈타인) 특수 상대성원리(아인슈타인)
1907	비열의 이론(아인슈타인)
1908	스펙트럼선의 분석(리츠)
1911	원자핵의 존재와 원자모형(러더퍼드) 초전도현상(오네스)
1912	비열의 이론(데바이)
1913	원자구조론(보어)
1914	에너지준위의 실증(플랑크, 헤르츠) X선스펙트럼의 법칙(모즐리)
1915	일반 상대성이론(아인슈타인)
1918	대응원리(보어)
1923	콤프턴 효과(콤프턴) 물질파(드브로이)
1925	금지법칙(파울리) 스핀(울렌벡, 하우트스미트)

1926	파동역학(슈뢰딩거) 매트릭스역학(하이젠베르크) 확률해석(보른)
1927	불확정성 원리(하이젠베르크) 물질파의 확인(데이비슨, 저머) 상보성원리(보어) 공유결합의 이론(하이틀러, 런던)
1928	전자의 상대론적 방정식(디랙) 광양자론(디랙) 알파붕괴의 이론(가모프)
1929	양자전기역학(하이젠베르크, 파울리) 컴프턴산란의 이론(클라인, 나시나 요시오)
1930	양전자의 이론(디랙) 양자역학논쟁(아인슈타인-보어)
1932	원자핵구조론(하이젠베르크) 중성자(채드윅) 양전자(앤더슨)
1934	중성자에 의한 원자핵 전환(페르미)
1935	중간자론(유카와 히데키)
1938	핵분열(한, 슈트라스만) 초유동현상(카피차)
1941	원자로(페르미) 초유동이론(란다우)
1942	2중간자이론(사카다 쇼이치, 다니가와 야스다까)
1943	초다시간이론(도모나가 신이치로)
1947	수소원자의 에너지 준위(람, 레저퍼드) 새입자의 발견(로체스터, 바틀러)
1948	재규격화이론(도모나가 신이치로, 슈윈거, 파인만) 트랜지스터(쇼클리, 바딘, 브래틴)
1949	원자핵의 껍질모형(마이어, 엔센) 원자시계(미국표준국)
1954	메이저(타운스)
1956	우기성비보존(리, 양)
1957	초전도이론(바딘, 쿠퍼, 슈리퍼)

수식을 쓰지 않는

현대물리학 입문

—아인슈타인 이후의 자연탐험

초판 1쇄 2015년 04월 10일
개정 1쇄 2019년 10월 07일

편저자 한명수
펴낸이 손영일
펴낸곳 전파과학사
주소 서울시 서대문구 증가로 18, 204호
등록 1956. 7. 23. 등록 제10-89호
전화 (02)333-8877(8855)
FAX (02)334-8092
홈페이지 www.s-wave.co.kr
E-mail chonpa2@hanmail.net
공식블로그 http://blog.naver.com/siencia

ISBN 978-89-7044-904-3 (03420)
파본은 구입처에서 교환해 드립니다.
정가는 커버에 표시되어 있습니다.

도서목록

현대과학신서

A1 일반상대론의 물리적 기초
A2 아인슈타인 I
A3 아인슈타인 II
A4 미지의 세계로의 여행
A5 천재의 정신병리
A6 자석 이야기
A7 러더퍼드와 원자의 본질
A9 중력
A10 중국과학의 사상
A11 재미있는 물리실험
A12 물리학이란 무엇인가
A13 불교와 자연과학
A14 대륙은 움직인다
A15 대륙은 살아있다
A16 창조 공학
A17 분자생물학 입문 I
A18 물
A19 재미있는 물리학 I
A20 재미있는 물리학 II
A21 우리가 처음은 아니다
A22 바이러스의 세계
A23 탐구학습 과학실험
A24 과학사의 뒷애기 1
A25 과학사의 뒷애기 2
A26 과학사의 뒷애기 3
A27 과학사의 뒷애기 4
A28 공간의 역사
A29 물리학을 뒤흔든 30년
A30 별의 물리
A31 신소재 혁명
A32 현대과학의 기독교적 이해
A33 서양과학사
A34 생명의 뿌리
A35 물리학사
A36 자기개발법
A37 양자전자공학
A38 과학 재능의 교육
A39 마찰 이야기
A40 지질학, 지구사 그리고 인류
A41 레이저 이야기
A42 생명의 기원
A43 공기의 탐구
A44 바이오 센서
A45 동물의 사회행동
A46 아이작 뉴턴
A47 생물학사
A48 레이저와 홀러그러피
A49 처음 3분간
A50 종교와 과학
A51 물리철학
A52 화학과 범죄
A53 수학의 약점
A54 생명이란 무엇인가
A55 양자역학의 세계상
A56 일본인과 근대과학
A57 호르몬
A58 생활 속의 화학
A59 셈과 사람과 컴퓨터
A60 우리가 먹는 화학물질
A61 물리법칙의 특성
A62 진화
A63 아시모프의 천문학 입문
A64 잃어버린 장
A65 별· 은하 우주

도서목록

BLUE BACKS

1. 광합성의 세계
2. 원자핵의 세계
3. 맥스웰의 도깨비
4. 원소란 무엇인가
5. 4차원의 세계
6. 우주란 무엇인가
7. 지구란 무엇인가
8. 새로운 생물학(품절)
9. 마이컴의 제작법(절판)
10. 과학사의 새로운 관점
11. 생명의 물리학(품절)
12. 인류가 나타난 날 I (품절)
13. 인류가 나타난 날 II(품절)
14. 잠이란 무엇인가
15. 양자역학의 세계
16. 생명합성에의 길(품절)
17. 상대론적 우주론
18. 신체의 소사전
19. 생명의 탄생(품절)
20. 인간 영양학(절판)
21. 식물의 병(절판)
22. 물성물리학의 세계
23. 물리학의 재발견〈상〉
24. 생명을 만드는 물질
25. 물이란 무엇인가(품절)
26. 촉매란 무엇인가(품절)
27. 기계의 재발견
28. 공간학에의 초대(품절)
29. 행성과 생명(품절)
30. 구급의학 입문(절판)
31. 물리학의 재발견〈하〉
32. 열 번째 행성
33. 수의 장난감상자
34. 전파기술에의 초대
35. 유전독물
36. 인터페론이란 무엇인가
37. 쿼크
38. 전파기술입문
39. 유전자에 관한 50가지 기초지식
40. 4차원 문답
41. 과학적 트레이닝(절판)
42. 소립자론의 세계
43. 쉬운 역학 교실(품절)
44. 전자기파란 무엇인가
45. 초광속입자 타키온
46. 파인 세라믹스
47. 아인슈타인의 생애
48. 식물의 섹스
49. 바이오 테크놀러지
50. 새로운 화학
51. 나는 전자이다
52. 분자생물학 입문
53. 유전자가 말하는 생명의 모습
54. 분체의 과학(품절)
55. 섹스 사이언스
56. 교실에서 못 배우는 식물이야기(품절)
57. 화학이 좋아지는 책
58. 유기화학이 좋아지는 책
59. 노화는 왜 일어나는가
60. 리더십의 과학(절판)
61. DNA학 입문
62. 아몰퍼스
63. 안테나의 과학
64. 방정식의 이해와 해법
65. 단백질이란 무엇인가
66. 자석의 ABC
67. 물리학의 ABC
68. 천체관측 가이드(품절)
69. 노벨상으로 말하는 20세기 물리학
70. 지능이란 무엇인가
71. 과학자와 기독교(품절)
72. 알기 쉬운 양자론
73. 전자기학의 ABC
74. 세포의 사회(품절)
75. 산수 100가지 난문·기문
76. 반물질의 세계(품절)
77. 생체막이란 무엇인가(품절)
78. 빛으로 말하는 현대물리학
79. 소사전·미생물의 수첩(품절)
80. 새로운 유기화학(품절)
81. 중성자 물리의 세계
82. 초고진공이 여는 세계
83. 프랑스 혁명과 수학자들
84. 초전도란 무엇인가
85. 괴담의 과학(품절)
86. 전파란 위험하지 않은가(품절)
87. 과학자는 왜 선취권을 노리는가?
88. 플라스마의 세계
89. 머리가 좋아지는 영양학
90. 수학 질문 상자

91. 컴퓨터 그래픽의 세계
92. 퍼스컴 통계학 입문
93. OS/2로의 초대
94. 분리의 과학
95. 바다 야채
96. 잃어버린 세계·과학의 여행
97. 식물 바이오 테크놀러지
98. 새로운 양자생물학(품절)
99. 꿈의 신소재·기능성 고분자
100. 바이오 테크놀러지 용어사전
101. Quick C 첫걸음
102. 지식공학 입문
103. 퍼스컴으로 즐기는 수학
104. PC통신 입문
105. RNA 이야기
106. 인공지능의 ABC
107. 진화론이 변하고 있다
108. 지구의 수호신·성층권 오존
109. MS-Window란 무엇인가
110. 오답으로부터 배운다
111. PC C언어 입문
112. 시간의 불가사의
113. 뇌사란 무엇인가?
114. 세라믹 센서
115. PC LAN은 무엇인가?
116. 생물물리의 최전선
117. 사람은 방사선에 왜 약한가?
118. 신기한 화학매직
119. 모터를 알기 쉽게 배운다
120. 상대론의 ABC
121. 수학기피증의 진찰실
122. 방사능을 생각한다
123. 조리요령의 과학
124. 앞을 내다보는 통계학
125. 원주율 π의 불가사의
126. 마취의 과학
127. 양자우주를 엿보다
128. 카오스와 프랙털
129. 뇌 100가지 새로운 지식
130. 만화수학 소사전
131. 화학사 상식을 다시보다
132. 17억 년 전의 원자로
133. 다리의 모든 것
134. 식물의 생명상
135. 수학 아직 이러한 것을 모른다
136. 우리 주변의 화학물질
137. 교실에서 가르쳐주지 않는 지구이야기
138. 죽음을 초월하는 마음의 과학
139. 화학 재치문답
140. 공룡은 어떤 생물이었나
141. 시세를 연구한다
142. 스트레스와 면역
143. 나는 효소이다
144. 이기적인 유전자란 무엇인가
145. 인재는 불량사원에서 찾아라
146. 기능성 식품의 경이
147. 바이오 식품의 경이
148. 몸 속의 원소 여행
149. 궁극의 가속기 SSC와 21세기 물리학
150. 지구환경의 참과 거짓
151. 중성미자 천문학
152. 제2의 지구란 있는가
153. 아이는 이처럼 지쳐 있다
154. 중국의학에서 본 병 아닌 병
155. 화학이 만든 놀라운 기능재료
156. 수학 퍼즐 랜드
157. PC로 도전하는 원주율
158. 대인 관계의 심리학
159. PC로 즐기는 물리 시뮬레이션
160. 대인관계의 심리학
161. 화학반응은 왜 일어나는가
162. 한방의 과학
163. 초능력과 기의 수수께끼에 도전한다
164. 과학·재미있는 질문 상자
165. 컴퓨터 바이러스
166. 산수 100가지 난문·기문 3
167. 속산 100의 테크닉
168. 에너지로 말하는 현대 물리학
169. 전철 안에서도 할 수 있는 정보처리
170. 슈퍼파워 효소의 경이
171. 화학 오답집
172. 태양전지를 익숙하게 다룬다
173. 무리수의 불가사의
174. 과일의 박물학
175. 응용초전도
176. 무한의 불가사의
177. 전기란 무엇인가
178. 0의 불가사의
179. 솔리톤이란 무엇인가?
180. 여자의 뇌·남자의 뇌
181. 심장병을 예방하자